Complex Event Processing

Ulrich Hedtstück

Complex Event Processing

Verarbeitung von Ereignismustern in Datenströmen

2., aktualisierte und ergänzte Auflage

Ulrich Hedtstück
Fakultät Informatik, HTWG Konstanz
Konstanz, Deutschland

ISBN 978-3-662-61575-1 ISBN 978-3-662-61576-8 (eBook)
https://doi.org/10.1007/978-3-662-61576-8

Die Deutsche Nationalbibliothek verzeichnet diese Publikation in der Deutschen Nationalbibliografie; detaillierte bibliografische Daten sind im Internet über http://dnb.d-nb.de abrufbar.

Planung: Sybille Thelen
Springer Vieweg ist ein Imprint der eingetragenen Gesellschaft Springer-Verlag GmbH, DE und ist ein Teil von Springer Nature.
Die Anschrift der Gesellschaft ist: Heidelberger Platz 3, 14197 Berlin, Germany

Vorwort zur 2. Auflage

Nach wie vor spielen Techniken wie Complex Event Processing, Stream Processing und Data Analytics in der vernetzten Welt eine dominierende Rolle und entwickeln sich laufend weiter. Um einem möglichst großen Leserkreis die grundlegenden Inhalte des CEP näher zu bringen, habe ich in der zweiten Auflage dieses Buches in Kap. 1 drei weitere Anwendungsszenarien hinzugefügt. Abschn. 2.2 wurde am Ende ergänzt durch eine kurze Thematisierung der Rolle von Unsicherheit im CEP mit entsprechenden Literaturhinweisen, und in Abschn. 7.5 wurde mit Skizzen veranschaulicht, wie die Mustererkennung durch Event Detection Graphs abläuft. Insgesamt wurden viele Formulierungen klarer gestaltet, Bemerkungen hinzugefügt, die Literaturangaben aktualisiert und ergänzt sowie einige formale Fehler verbessert.

Bei Frau Sybille Thelen vom Springer-Verlag möchte ich mich ganz herzlich für die hervorragende Betreuung bedanken.

Wahlwies
im März 2020

Ulrich Hedtstück

Vorwort

In der Informatik findet derzeit ein Technologiewandel statt, der den bisherigen Entwicklungsverlauf beginnend mit isolierten Großrechnern über stationäre Personalcomputer bis hin zu den vernetzten mobilen Kleinrechnern wie Smartphones oder Tablets konsequent fortsetzt. Es gibt immer mehr Minicomputer, die in den unterschiedlichsten Gegenständen wie Auto, Kühlschrank oder Herzschrittmacher integriert sind und im sogenannten Internet der Dinge das tägliche Leben unterstützen und begleiten.

In den Medien werden fast täglich neue Szenarien mit faszinierenden Anwendungsmöglichkeiten in der vernetzten Welt publiziert, die das zukünftige Leben der Menschheit nachhaltig beeinflussen werden. Die Herausforderung für die Informatik besteht einerseits in der Bereitstellung der notwendigen Hardware und Software, aber auch in der Gestaltung der Rahmenbedingungen wie Datenschutz oder ethische Richtlinien.

Der etwas veraltete Begriff der Datenverarbeitung bekommt wieder eine neue Bedeutung, denn es muss ein immenses Datenaufkommen bewältigt werden, das durch Eigenschaften wie hohe Geschwindigkeit, enorme Vielfalt und extremes Volumen charakterisiert ist. Anschaulich wird diese Datenflut durch Begriffe wie Big Data oder Smart Data ausgedrückt.

Ein Großteil der Verarbeitung der Daten in der vernetzten Welt wird durch Software erledigt, die dauerhaft in Betrieb ist und zeitnah auf Ereignisse reagiert. Ein Ereignis (engl. event) ist ein Geschehnis, das den Zustand einer Anwendungswelt verändert. Der Begriff Complex Event Processing (abgek. CEP) bezeichnet eine Softwaretechnologie, mit der man in einer Vielzahl registrierter Ereignisse Teilmengen von Ereignissen erkennen kann, deren Eigenschaften und Beziehungen zueinander ein Muster aufweisen, das für eine Anwendung relevant ist. Das Wissen über eingetretene Ereignismuster versetzt eine CEP-Software in die Lage, den Fortlauf eines Prozesses ohne Zutun des Menschen zu beeinflussen und auf ein vorgegebenes Ziel hin auszurichten. Sprachen für die Beschreibung von Ereignismustern sowie die Algorithmen, die für die Erkennung von Ereignismustern eingesetzt werden, bilden den Hauptgegenstand dieses Buches. Mit der formalen Beschreibung von Mustern und der Entwicklung von Algorithmen zur Mustererkennung hat sich die Informatik von Beginn an intensiv beschäftigt. Der Linguist Noam Chomsky hat 1956 für formale Sprachen eine vierstufige Hierarchie von Schwierigkeitsgraden identifiziert. Die Automatentheorie, die auf der Chomsky-Hierarchie basiert, stellt einen wichtigen Rahmen für Mustererkennungsalgorithmen zur Verfügung. Es ist faszinierend, wie diese schon als klassisch geltenden Grundlagen in dem hochaktuellen und neuartigen IT-Umfeld der vernetzten Welt ihre Anwendung finden.

Da eine Complex-Event-Processing-Software darauf ausgerichtet ist, dauerhaft einen nicht abbrechenden Strom von Ereignissen zu verarbeiten und möglichst schnell auf erkannte Ereignismuster zu reagieren, unterscheidet sie sich von Software, die Schritt für Schritt eine vorgegebene Menge von Anweisungen ausführt und dadurch nur eine meist kurze Zeitdauer im Einsatz ist. Die Arbeitsweise einer CEP-Software ähnelt stark der Denkweise von Menschen, die darin besteht, laufend Situationen zu beurteilen und Entscheidungen für das weitere Vorgehen zu treffen. Insbesondere spielt dabei neben der Mustererkennung auch das logische Denken eine zentrale Rolle. Folglich ist es naheliegend, dass viele CEP-Systeme, vor allem im wissenschaftlichen Bereich, im regelbasierten Stil implementiert sind, beispielsweise in der Programmiersprache Prolog. Das Verstehen und sinnvolle Einsetzen eines solchen Programmierstils setzt Kenntnisse der Prädikatenlogik voraus. Deshalb ist diesem Buch eine kurze Einführung in die Prädikatenlogik erster Stufe beigefügt.

Danksagungen

Mein besonderer Dank gilt Oliver Eck, der mir wertvolle Verbesserungsmöglichkeiten aufgezeigt hat, und Kurt Rothermel, der jederzeit für meine Fragen ansprechbar war. Ich möchte mich auch ganz herzlich bei Frau Dorothea Glaunsinger und Herrn Hermann Engesser vom Springer-Verlag für die hervorragende Betreuung bei der Veröffentlichung dieses Buches bedanken.

Konstanz
im Dezember 2016

Ulrich Hedtstück

Inhaltsverzeichnis

1 Einführung mit typischen Anwendungen

Ein herausragendes Charakteristikum der vernetzten Welt ist der Austausch von immensen Datenmengen unterschiedlichster Art mit hoher Geschwindigkeit zwischen den im Netz agierenden Teilnehmern. Dieses Phänomen wird in prägnanter Weise mit den Stichworten *Big Data* bzw. *Smart Data* bezeichnet, wobei das Adjektiv „smart" auf das intelligente Umgehen mit der Datenmenge hinweist. Zur Bewältigung einer solchen Datenflut werden neben den erforderlichen Hardwaretechnologien neuartige Softwaretechnologien aus den Bereichen Datenbanken und *Data Analytics* (Datenanalyse) eingesetzt. Herkömmliche Datenbanken genügen nicht den Anforderungen einer dynamischen vernetzten Welt, man benötigt eine Software, die dauerhaft läuft und auf Signale der Umwelt reagiert. Es müssen nahezu in Echtzeit Korrelationen zwischen aktuellen Geschehnissen festgestellt werden, um möglichst schnell geeignete Reaktionen in Gang zu setzen.

Das Prinzip der sofortigen Reaktion auf ein erkanntes Muster in einer großen Menge von Signalen, die aus der Umwelt empfangenen werden, entspricht ziemlich genau der menschlichen Entscheidungsfindung in vielen Abläufen des täglichen Lebens. Menschen sind in der Lage, hoch komplexe Situationen zu Erkennen, mit früher gewonnenen Erfahrungen abzugleichen und mit Hilfe logischer Schlussfolgerungen sein Handeln zu steuern. Mit *Complex Event Processing* wird diese Art von Denkvorgängen im Gehirn eines Menschen mit einer Software realisiert, die nicht Schritt für Schritt einen vordefinierten Plan von Anweisungen ausführt, sondern auf Ereignisse reagiert und den Verlauf von Prozessen steuert.

1.1 Datenanalyse mit Complex Event Processing

Grundlegender Bestandteil von Big Data sind Daten, die irgendwo erhoben und über ein Computernetz verschickt werden. Daten wie z. B. Temperaturen, Aktienkurse oder Ortskoordinaten sind Zustandsgrößen eines Weltausschnitts, oder abstrakt ausgedrückt, eines dynamischen Systems. Die Zustandsänderungen eines dynamischen Systems können dis-

U. Hedtstück, *Complex Event Processing*,
https://doi.org/10.1007/978-3-662-61576-8_1

kret in einzelnen Zeitpunkten stattfinden, wie beispielsweise beim Eingang einer Bestellung in einem Online-Shop, oder kontinuierlich wie die Geschwindigkeitszunahme beim Beschleunigen eines Fahrzeugs.

Für die Verarbeitung von Daten in einem digitalen Computer müssen die Messungen prinzipiell in diskreten Zeitpunkten erfolgen. Ändert sich eine Zustandsgröße nur in diskreten Zeitpunkten, dann genügt es, jeweils im Zeitpunkt der Änderung ein Signal mit dem neuen Wert, eventuell zusammen mit weiteren Informationen, zu generieren. Ändert sich eine Zustandsgröße kontinuierlich, so kann die Messung periodisch in vorgegebenen Zeitabständen durchgeführt werden.

Die Ursache einer diskreten Zustandsänderung ist immer ein zeitlich punktuelles Geschehnis, das als *Ereignis* (engl. *event*) bezeichnet wird. Der Zeitpunkt, in dem ein Ereignis stattfindet, heißt *Zeitstempel* (engl. *timestamp*).

Ein Signal, das durch eine diskrete Zustandsänderung generiert wird, modelliert direkt das entsprechende reale Ereignis. Auch im kontinuierlichen Fall kann ein Signal als das Modell eines Ereignisses aufgefasst werden, nämlich als Modell eines zeitlich punktuell durchgeführten Messvorgangs. Deshalb kann ein Signal, das den Zustand eines dynamischen Systems codiert und an eine Software gesandt wird, prinzipiell als Modell eines Ereignisses interpretiert werden. Wenn ein solches Signal bei einer Software eintrifft, wird es ebenfalls vereinfachend als Ereignis bezeichnet. Für das Verarbeiten von Ereignissen durch eine Software hat sich der Begriff *Event Processing* etabliert, treffen die Ereignisse als Strom ein, spricht man auch von *Event Stream Processing*.

In Abb. 1.1 ist die Datenstruktur eines typischen Ereignisses dargestellt, das durch verschiedene Attribute charakterisiert ist. Unverzichtbare Bestandteile sind der Ereignistyp, der Zeitstempel und ein eindeutiger Ereignisname (EreignisID).

Ein dynamisches System, das mit einer Ablauflogik ausgestattet ist, wird als *Prozess* bezeichnet. Ein wichtiges Merkmal von Ereignissen ist die zeitliche Einordnung in einen Prozessablauf. Sollen in einer Menge von Ereignissen, die als Strom an einem

Abb. 1.1 Datenstruktur eines Ereignisses

Ereignistyp:
`Kursänderung`
Zeitstempel:
`2015-10-25 10:35:51`
EreignisID:
`106342`

Firma: `xyzCompany`
Einkaufskurs: `32,5`
Letzter Kurs: `40,8`
Aktueller Kurs: `42,1`

Event-Processing-System ankommen, Muster und Korrelationen entdeckt werden, um zielgerichtet darauf reagieren zu können, so erfordert die Berücksichtigung des zeitlichen Aspekts speziell darauf ausgerichtete Analysemethoden. Ein erfolgversprechender Ansatz für diese Aufgabe stellt das *Complex Event Processing* dar. Mit Complex Event Processing, abgekürzt *CEP*, bezeichnet man eine Technik zur Identifikation mehrerer Ereignisse, die nicht notwendigerweise im gleichen Zeitpunkt stattfinden müssen, die aber in einer Beziehung zueinander stehen, die für das Auslösen einer Reaktion entscheidend ist (Luckham 2002; Etzion und Niblett 2010).

Während herkömmliche Datenbanktechnologien Informationen aus einer bestehenden, in einer Datenbank abgespeicherten Datenmenge herausarbeiten, wird beim CEP eine Anfrage für ein Datenmuster vorgegeben, bevor die Daten existieren. Aus einem eintreffenden, nicht abbrechenden Ereignisstrom werden dann sukzessive die zu dem gesuchten Muster passenden Daten herausgefiltert. Sobald der Erkennungsprozess erfolgreich abgeschlossen worden ist, kann nahezu in Echtzeit eine geeignete Reaktion in Gang gesetzt werden.

Mit der CEP-Technologie bereitet man sich mit Hilfe von Ereignissen der Gegenwart auf das zukünftige Eintreten der restlichen Ereignisse eines Ereignismusters vor. Damit kann CEP in Ergänzung zu herkömmlichen Data-Mining-Methoden im Rahmen des *Predictive Analytics* einen wichtigen Beitrag zur vorausschauenden Analyse von Daten beitragen. Besonders offensichtlich sind die Vorteile in Anwendungsbereichen wie Patientenüberwachung, Straßenverkehrssteuerung oder auch beim sogenannten *Predictive Policing*, was die vorausschauende polizeiliche Arbeit mit dem Ziel der vorzeitigen Erkennung und Verhinderung von strafbaren Handlungen bezeichnet.

Abb. 1.2 zeigt die grundlegenden Strukturmerkmale eines CEP-Systems. Im Allgemeinen werden Ereignisse unterschiedlichen Typs aus mehreren Ereignisströmen, die von unterschiedlichen *Ereignis-Produzenten* generiert werden, für das CEP herangezogen. Zu Beginn müssen die relevanten Ereignisse herausgefiltert und für die Mustererkennung aufbereitet werden.

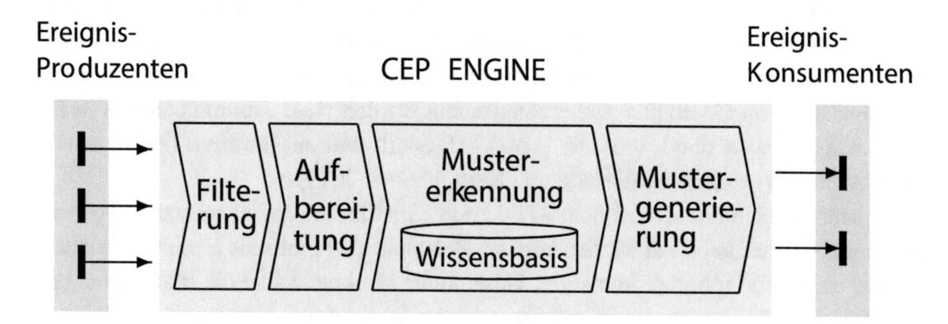

Abb. 1.2 Prinzip des Complex Event Processing

Den Kern des CEP bildet die sogenannte *CEP Engine,* die mit einem geeignet implementierten Wissen die interessierenden Muster in den eintreffenden Ereignisströmen erkennt und Aktionen in Gang setzt. Oftmals müssen unterschiedliche Muster erkannt werden, zu deren Identifikation teilweise aufwändige Algorithmen erforderlich sind. Zur Beschreibung von Ereignismustern gibt es sogenannte *Ereignisanfragesprachen* (engl. *Event Processing Language*), vergleichbar der Sprache SQL für relationale Datenbanken.

Ist eine Instanz eines gesuchten Ereignismusters gefunden worden, so wird als Reaktion eine Menge von neuen Ereignissen, die den zukünftigen Prozessverlauf festlegen, generiert und an ausgewählte *Ereignis-Konsumenten* gesandt. Manchmal ist auch das negative Ergebnis, dass ein Muster nicht identifiziert werden konnte, der Anlass, die fehlenden Ereignisse zu initiieren oder eine geeignete Reaktion in Gang zu setzen.

Man unterscheidet zwei Phasen von CEP. Oftmals müssen zunächst unbekannte Ereignismuster in einem oder mehreren Ereignisströmen identifiziert werden. Dazu werden Techniken aus dem *maschinellen Lernen* (engl. *Machine Learning*) und Data Mining eingesetzt. Sind die zu erkennenden Ereignismuster bekannt, so werden sie mit geeigneten Mustererkennungsalgorithmen in nahezu Echtzeit analysiert und verarbeitet. Den Schwerpunkt dieses Buches bildet die zweite Phase, also die schnelle Erkennung und Verarbeitung von bekannten Ereignismustern. (Für einen umfassenden Überblick über das maschinelle Lernen siehe (Alpaydin 2019).)

Für die Gestaltung einer CEP-Software gibt es unterschiedliche Ansätze, die insbesondere vom Einsatzgebiet und der umgebenden IT-Landschaft abhängen. Einen Gestaltungsrahmen stellt z. B. die *Event-Driven Architecture* zur Verfügung (siehe z. B. (Bruns und Dunkel 2010)), die Bestandteile enthält, die auf eintreffende Ereignisse reagieren und selbst Ereignisse generieren können. Oftmals werden spezifische Mustererkennungsaufgaben in Form von *Agenten* modelliert und softwaretechnisch entsprechend umgesetzt. Da das CEP der menschlichen Entscheidungsfindung sehr ähnlich ist, ist es nicht verwunderlich, dass viele CEP-Systeme Methoden der Künstlichen Intelligenz einsetzen. Die möglichen Abhängigkeiten werden als Fakten und Regeln in einer Wissensbasis zusammengefasst, und die Auswertung erfolgt mit Hilfe einer *Rule Engine,* die spezifische logische Schlussfolgerungsmechanismen für eine beobachtete Situation anwendet und eine Entscheidung herbeiführt. Insbesondere beim Geschäftsprozessmanagement werden viele Zusammenhänge in Form von *Geschäftsregeln* (engl. *business rules*) dargestellt und ausgewertet. (Zu Grundlagen regelbasierter Systeme siehe (Beierle und Kern-Isberner 2019).)

In vielen Bereichen sind traditionell IT-Systeme im Einsatz, die im weitesten Sinne unter das Thema CEP eingeordnet werden können. Beispiele sind grafische Benutzeroberflächen oder die ereignisorientierte Simulation. Wesentliche Merkmale sind die Beobachtung oder Modellierung zeitlicher Vorgänge und die Auswertung von zeitabhängigen Ereignismustern mit dem Ziel, zeitnah reaktive Maßnahmen einzuleiten (Luckham 2002; Etzion und Niblett 2010).

CEP ist eine Technologie, die in Zukunft unsere Lebensweise in vielfältiger Weise beeinflussen wird. Schon heute reagieren Internet-Netzwerke individuell auf das Verhalten der

Nutzer, immer mehr Dinge des täglichen Lebens werden Bestandteile des *Internet der Dinge* (engl. *Internet of Things,* abgek. *IoT*) und erleichtern viele Tätigkeiten und Entscheidungen. Wie bei nahezu jeder neuen Technologie sind sowohl positive als auch negative Beeinflussungen möglich, und natürlich sind der Datenschutz und die Wahrung der Privatsphäre ernsthafte Themen. Im Folgenden soll anhand typischer Anwendungsfelder ein Eindruck von der Vielfalt des Einsatzes der CEP-Technologie vermittelt werden.

1.2 Smart Home

Smart Home bezeichnet die Überwachung und Steuerung von Gebäuden oder Gebäudekomplexen mit Hilfe der Netz-Technologien. Mit unterschiedlichsten Sensoren werden Daten erfasst und über das Internet an zentrale Steuereinrichtungen geschickt (Abb. 1.3).

Ein typischer Anwendungsfall des Complex Event Processing ist das Erkennen einer gefährlichen Situation. Ist z. B. in einer Wohnung ein Herd in Betrieb und alle Personen haben das Haus verlassen, und es kehrt vor Ablauf einer kritischen Zeitspanne niemand zurück, so muss an den Wohnungsinhaber oder den Hausmeister eine Nachricht geschickt werden, damit der Herd abgeschaltet wird, oder das CEP-System schaltet den Herd automatisch aus. Ein Spezialfall eines solchen CEP-Einsatzes ist die Überwachung von Patienten in einer Wohneinrichtung (siehe Abschn. 1.7).

Andere Gefahrensituationen wären z. B. das Erkennen eines Kurzschlusses in der elektrischen Ausstattung oder die Wahrnehmung des Eindringens unbekannter Personen.

Weitere Anwendungen des CEP im Bereich des Facility Managements sind das optimale Betreiben der Energieversorgung, z. B. durch das rechtzeitige automatische Bestellen von

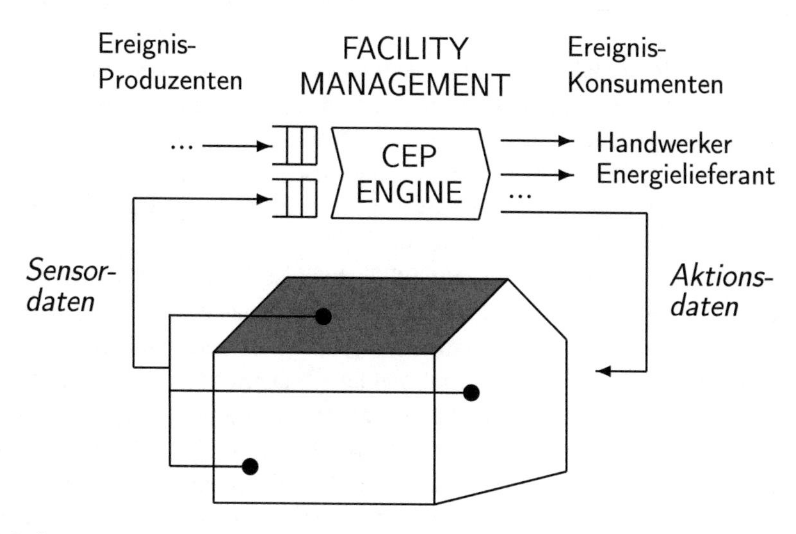

Abb. 1.3 Smart Home mit CEP

Heizöl oder Pellets, die Organisation der Hygienemaßnahmen in einer Klinik oder das Betreiben eines Parkhauses.

Das Smart Home ist nur ein winziger Bestandteil einer vernetzten Welt. Es ist ein Gebäude in einer *Smart City*, es ist an das intelligente Stromverteilungsnetz *Smart Grid* angeschlossen und bezieht nur soviel Strom, Gas und Wasser, wie das *Smart Metering* berechnet hat, und in der Garage steht das *Smart Car*, das sich effizient und individuell im *Smart Traffic* bewegt, beispielsweise zum Arbeitsplatz in der *Smart Factory*.

1.3 Fahrzeugüberwachung

Fahrzeuge im Straßenverkehr verfügen heute schon über umfangreiche Sensortechniken für technische Daten sowie für Daten, die Aufschluss über den individuellen Fahrstil und die Mobilitätsgewohnheiten der Fahrzeuglenker geben. Werden die Daten im Fahrzeug gespeichert, so erfolgt die Auswertung durch Displays im Fahrzeug oder durch spezialisierte Messgeräte in einer Werkstatt. Immer mehr Daten werden über ein drahtloses Netzwerk an eine externe Verwaltungssoftware gesendet, beispielsweise GPS-Daten für die Mauterhebung oder für das Fuhrparkmanagement.

Die derzeitige Entwicklung befasst sich mit einer Vernetzung der Fahrzeuge mit zentralen Erfassungsstellen oder auch mit der vernetzten Kommunikation untereinander. Die Ziele dabei sind z. B. die Überwachung der Fahrzeugtechnik mit automatisierter Hilfestellung bei technischen Problemen oder ein optimierter Verkehrsfluss durch das frühzeitige Erkennen von Staubildungen (Terroso-Saenz et al. 2012). Auch der in nicht allzu ferner Zukunft mögliche Einsatz von selbstfahrenden Kraftfahrzeugen ist ohne einen intensiven Datenaustausch zwischen Fahrzeugen und Leitsystemen mit schnell reagierenden Data-Analytics-Verfahren nicht zu realisieren.

Abb. 1.4 stellt die technische Überwachung von Fahrzeugen durch eine Werkstatt mit den Möglichkeiten des Complex Event Processing dar. Ist z. B. die Frist bis zum nächsten regelmäßigen Kundendienst abgelaufen und gleichzeitig müssen die Bremsbeläge ersetzt werden, so reagiert die Werkstatt auf den Eingang entsprechender Ereignisdaten, indem sie dem Kunden einen Termin für den Kundendienst vorschlägt und gleichzeitig ein Angebot für das Auswechseln der Bremsbeläge macht.

Ein weiterer interessanter Einsatz der CEP-Technik ist die Verhinderung von Unfällen. Schon heute verfügen die neueren Fahrzeuge über eine sogenannte *Black Box,* in der alle für einen Unfall relevanten Daten eines Zeitfensters gespeichert werden, bis ein Unfall diesen Speichervorgang beendet. Nach dem Unfall werden die Daten ausgelesen, um den genauen Unfallhergang zu ermitteln und rechtliche Konsequenzen zu begründen. Ein anderer Name für die Black Box ist der Begriff *Ereignisdatenspeicher* (engl. *Event Data Recorder*), der direkt darauf hinweist, dass die gemessenen Daten Ereignisströmen entstammen, die Veränderungen von Kenngrößen wie Geschwindigkeit oder Bremsintensität protokollieren. Mit

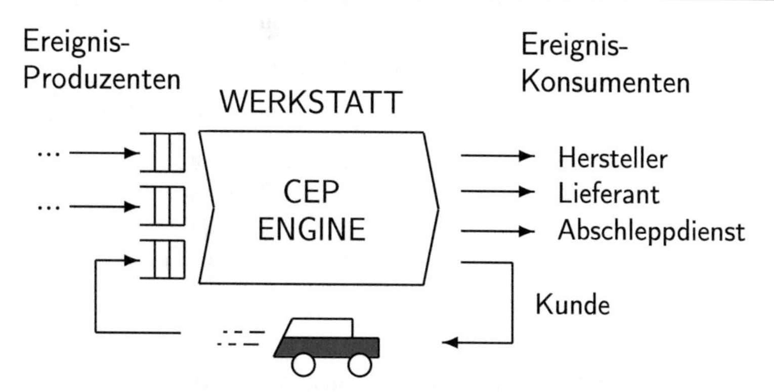

Abb. 1.4 Fahrzeugüberwachung mit CEP

moderner CEP-Technologie könnten diese Ereignisdaten nahezu in Echtzeit ausgewertet und automatisch in Aktionen umgesetzt werden, die einen sich abzeichnenden Unfall verhindern.

1.4 Aktienhandel

Eines der Hauptanwendungsgebiete des Complex Event Processing ist die *technische Aktienanalyse,* d. h. die Auswertung von Kursdaten, um möglichst schnell eine geeignete Reaktion zu initiieren (kaufen, verkaufen oder halten). Aufgrund der in kurzer Zeit eintreffenden riesigen Menge von Daten können herkömmliche Datenbanktechnologien mit den darauf basierenden Data-Mining-Algorithmen praktisch nicht verwendet werden.

Im Folgenden sind einige typische Aufgabenstellungen aufgelistet für ein CEP-System, das Börsenkurse überwacht. Die Grundlage bildet ein kontinuierlicher Strom von sogenannten *StockTick-Events,* der jede Kursänderung von einer Gruppe von Aktien, beispielsweise des NASDAQ, mitteilt.

- Wähle jede Kursänderung der Aktie mit Symbol EBAY aus.
- Melde jeden Peek (lokales Maximum) der Aktie mit Symbol CSCO.
- Berechne jeweils nach einer Stunde den Durchschnitt des Kurswerts der Aktie mit Symbol AAPL bezogen auf die vorangegangene Stunde.
- Speichere jede Minute den maximalen Kurs der Aktie mit Symbol GOOG bezogen auf die jeweils vorangegangenen 10 min.
- Bestimme diejenige Aktie des NASDAQ, die für die letzte Stunde das größte Handelsvolumen aufweist.

Die CEP-Technologie passt genau auf die sogenannte *Formationserkennung,* bei der Muster im Kursverlauf identifiziert werden, um gewisse Trends vorherzusagen. Zum Beispiel könnte

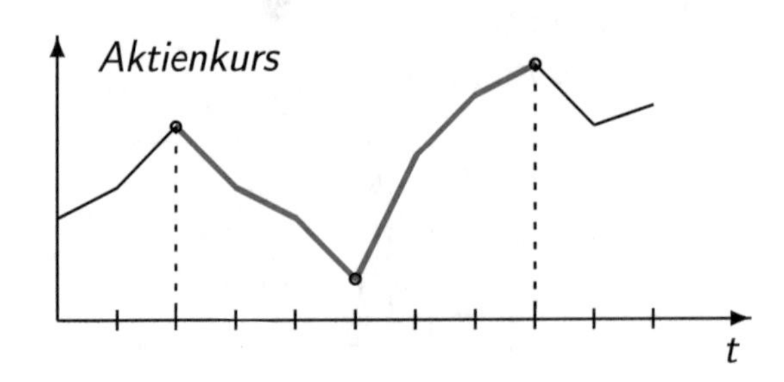

Abb. 1.5 V-Shape Pattern

der in Abb. 1.5 dargestellte V-förmige Verlauf eines Aktienkurses auf eine Kurserholung hindeuten.

Die im Folgenden formulierte Aufgabe für ein CEP-System, ein *V-Muster* (engl. *V-Shape Pattern*) zu erkennen, gehört zu den schwierigeren Aufgaben der Formationserkennung.

- Finde alle Aktien, bei denen der Kursverlauf bezogen auf den Zeitraum der letzten 10 Tage ein V-Muster aufweist. Dies bedeutet, dass der Kurs von einem ersten lokalen Maximum auf ein lokales Minimum abgefallen ist und anschließend auf ein nächstes lokales Maximum angestiegen ist, das größer ist als das vorherige lokale Maximum.

Das hier beschriebene V-Muster ist eine einfache Version eines fallenden Trends, auf den ein ansteigender Trend folgt. Normalerweise lässt man zu, dass der Trendverlauf eine zackige Kurve ist, da sich in der Realität selten ein monoton abfallender bzw. monoton ansteigender Verlauf ergibt. In (Jehle 2013) ist ein CEP-Ansatz für allgemeine V-Muster beschrieben.

Für die technische Aktienanalyse ist eine Vielzahl von Mustern definiert worden. Aussagekräftige Namen wie V- und W-Muster, steigendes Dreieck, fallendes Dreieck, Untertasse, Diamant oder auch Bullenkeil und Bärenkeil sollen auf die zukünftige Entwicklung hinweisen. Für die meisten Muster der Aktienanalyse gibt es keine formale, mathematische Definition, und die statistische Beurteilung ist in der Regel schwierig.

1.5 Geschäftsprozessmanagement

Die Aufgabe des *Geschäftsprozessmanagements* (engl. *Business Process Management*) ist das Definieren, Ausführen und Steuern der Prozesse in einer betrieblichen Anwendungswelt. Ein wichtiges Hilfsmittel für das Beobachten und Bewerten der Geschäftsprozesse sind *Kennzahlen* (engl. *Key Performance Indicators,* abgek. *KPI*), die laufend gemessen und beurteilt werden, um in gewissen Situationen eine Entscheidung über die Fortsetzung des Prozesses treffen zu können. Eine einfache Auswertung von Kennzahlen ist z. B. die Überprüfung, ob ein vorgegebener Schwellenwert über- bzw. unterschritten wird.

Da sich die mit den Kennzahlen verbundenen Zielsetzungen oftmals widersprechen, ist die Entscheidungsfindung auf der Basis unterschiedlicher Kennzahlen eine anspruchsvolle

Tab. 1.1 Typische Ziele und zugehörige Kennzahlen für die Bewertung eines Geschäftsprozesses

Zielsetzung	Kennzahlen
Niedrige Kosten	Personalkosten, Lagerhaltungskosten, Bestandskosten, Energiekosten
Geringe Zeit	Durchlaufzeit, Liegezeit, Rüstzeit, Reaktionszeit bei Kundenanfragen
Hohe Kapazität	Durchsatz, Auslastung, Verfügbarkeit
Hohe Kundenzufriedenheit	Anzahl Reklamationen pro Zeiteinheit, Anteil Stammkunden an der Kundengesamtheit
Hohe Qualität	Fehlerquote, Lebensdauer

Aufgabe. In Tab. 1.1 sind einige wichtige Kennzahlen zusammen mit den damit verbundenen Zielen dargestellt (aus (Hedtstück 2013)).

In schwierigen Situationen müssen Korrelationen unterschiedlicher Kennzahlen erkannt werden, innerhalb kurzer Zeit muss eine Entscheidung getroffen werden. Da die Mitteilung eines gemessenen Werts für eine Kennzahl als Ereignis mit einem Zeitstempel aufgefasst werden kann, können Entscheidungen mit Techniken des Complex Event Processing herbeigeführt werden.

Bei herkömmlichen Geschäftsprozessen werden Kennzahlen und andere relevante Daten lokal in der Einrichtung, in der der Prozess abläuft, ermittelt und ausgewertet. Es gibt aber Situationen, bei denen Ereignisse, die von der umgebenden Netzwelt mitgeteilt werden, zeitnah bei der Entscheidungsfindung für den Prozessablauf mit einbezogen werden müssen. Beispiele sind Ankündigungen von Engpässen bei der Stromversorgung, Wetterdaten, von der eine durchzuführende Lieferung abhängt, Daten über den Zustand oder den Ort von Transportsystemen oder kurzfristig mitgeteilte Informationen von Kunden. Wenn solche Daten in großer Zahl aus unterschiedlichen Quellen eintreffen und miteinander korrelieren, dann bietet es sich an, die traditionelle Geschäftsprozess-begleitende Software mit einer CEP-Software zu kombinieren. In Abb. 1.6 ist ein solcher Ansatz mit Hilfe einer erweiterten BPMN-Notation dargestellt. *BPMN (Business Process Model and Notation)* ist ein häufig verwendeter grafischer Formalismus für die Darstellung von Prozessabläufen (siehe (BPMN 2020)).

Abb. 1.6 zeigt das Gateway (dargestellt als Raute) einer Entscheidung, bei der die Auswahl der Prozessfortsetzung (entweder Aktivität *A2* oder Aktivität *A3*) mit Hilfe einer CEP Engine erfolgt. Die von der CEP Engine erkannten Ereignismuster können in unterschiedlicher Weise für die Entscheidung über den weiteren Verlauf einer Prozessinstanz verwendet werden. Eine Möglichkeit wäre, dass nach dem Erkennen eines bestimmten Musters, das beispielsweise einen speziellen Kundenwunsch beschreibt, die nächste Prozessinstanz, die nach der Aktivität *A1* bei dem Gateway ankommt, nicht die Fortsetzung *nein* wählt, sondern den Ausgang *ja* mit der nachfolgenden Aktivität *A3*. Andere Möglichkeiten ergeben sich

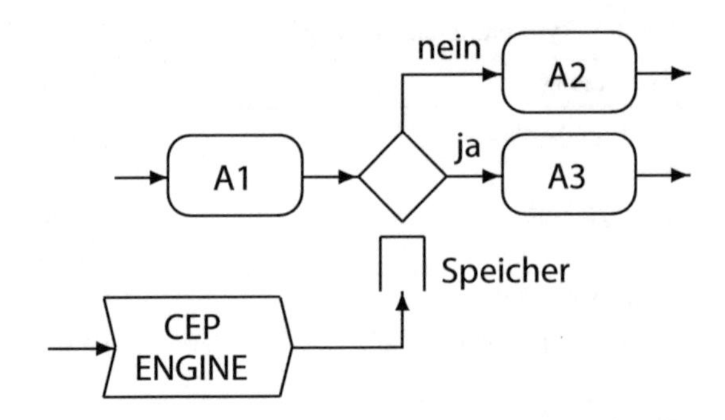

Abb. 1.6 Entscheidungen mit Hilfe von CEP

durch unterschiedliche Strategien beim Abspeichern und Konsumieren erkannter Ereignismusterinstanzen, es spielt auch eine Rolle, ob die ankommenden Prozessinstanzen auf eine Reaktion der CEP Engine warten oder nicht. Genaueres zu dieser Thematik findet man in (Mandal et al. 2017).

Das Begleiten und Steuern eines Geschäftsprozesses richtet sich nach einer festgelegten Prozessstruktur. In der dynamischen Praxis ergeben sich jedoch immer wieder bisher unbekannte Situationen, bei denen die vorgegebene Ablaufstruktur nicht optimal ist oder sogar zu Fehlern führt. Ein traditioneller Ansatz, diese Problematik in den Griff zu bekommen, ist das *Process Mining* auf der Basis von sogenannten *Event Logs (Ereignisprotokolle)* (van der Aalst 2011). Dabei werden in einer Menge von protokollierten Prozessabläufen Gesetzmäßigkeiten herausgearbeitet, um sie bei der Gestaltung optimierter Geschäftsprozesse zu berücksichtigen. Da Event Logs zunächst gespeichert werden, ist diese Vorgehensweise vergleichbar der Verwendung von Datenbanken beim Data Mining (siehe Abschn. 10.2). Eine schnellere Verbesserung der Prozesse nahezu in Echtzeit kann man erreichen, wenn die Muster in den Prozessabläufen mit Hilfe von Complex Event Processing sowie Methoden des maschinellen Lernens verarbeitet werden.

1.6 Digitalisierung in der Fertigungsindustrie

Die Digitalisierung in der Fertigungsindustrie ist seit Anbeginn der Informatik ein zentrales Ziel gewesen, zuletzt wird dies unter dem Begriff *Industrie 4.0* zusammengefasst. Die Vernetzung von Computern und Maschinen eines Fertigungsprozesses ist inzwischen so weit fortgeschritten, dass die menschlichen handwerklichen Tätigkeiten immer mehr durch Maschinen und Roboter ersetzt worden sind. Bis jetzt werden allerdings die Entscheidungen, die bei vom Standard abweichenden Fertigungsereignissen notwendig sind, durch Menschen mit Fachwissen und Intelligenz getroffen. Allerdings sind Nachteile des menschlichen Eingriffs offensichtlich, nämlich einerseits die relativ lange Zeitdauer der Entscheidungsfindung, und andererseits der fehlende Überblick über alle für die richtige Entscheidung relevanten Zusammenhänge. Genau diese Nachteile können mit dem Complex Event Processing behoben werden.

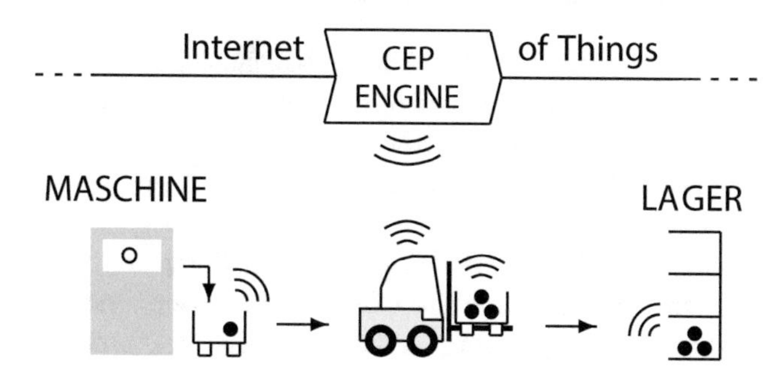

Abb. 1.7 CEP in der Produktionslogistik

Typische Bereiche von Industrie 4.0, in denen CEP eine besonders wichtige Rolle spielt, sind *vorausschauende Wartung* (engl. *Predictive Maintenance*) und *Produktionslogistik.*

Bei der vorausschauenden Wartung wird immer dann eine Wartungsaktion für eine Produktionseinheit durchgeführt, wenn die Erkennung gewisser Muster in Messereignissen impliziert, dass der richtige Zeitpunkt für die Wartung eingetreten ist, also nicht nach fest vorgegebenen Zeitintervallen, und vor allem bevor ein Ausfall einer Produktionskomponente stattfindet (siehe Abschn. 2.3).

In der Produktionslogistik finden Optimierungen mit Hilfe der CEP-Technologie statt bei der flexiblen Gestaltung der Fertigung (z. B. Reaktion beim Ausfall einer Maschine oder zeitnahe Umsetzung von neu vorgebrachten Kundenwünschen) sowie bei der Auswahl der Transportwege (z. B. unter Berücksichtigung von spontan eingetretenen Blockadesituationen). Alle relevanten Komponenten der Produktionsprozesse sind dabei Bestandteile eines teilweise drahtlosen Netzwerks im Stil des Internet der Dinge. Durch den Einsatz der *RFID*-Technologie *(Radio Frequency Identification)* können auch bewegliche und temporäre Objekte in dieses Netz integriert werden. Dazu enthalten solche Objekte jeweils ein sogenanntes *RFID-Tag* (auch *RFID-Transponder* genannt) mit einem Mikrochip, auf dem Informationen gespeichert und über ein drahtloses Netzwerk abgerufen werden können (siehe Abb. 1.7). Eine ausführliche Darstellung des RFID-Konzepts findet man in (Finkenzeller 2015).

1.7 Patientenüberwachung

Für die optimale Dosierung von Medikamenten oder das frühzeitige Erkennen gesundheitlicher Probleme gibt es immer mehr medizinische Geräte, die man entweder als sogenanntes *Waerable* direkt am Körper trägt (z. B. Smartwatch, intelligentes Pflaster) oder die man in den Körper eines Patienten implantiert. Bekannte Beispiele solcher Analysesysteme im *vorausschauenden Gesundheitswesen* (engl. *Predictive Healthcare*) sind Sensoren für die Messung des Blutzuckerspiegels bei Diabetikern oder implantierbare Herzmonitore zur EKG-Messung *(Elektrokardiographie)*. Die CEP-Technologie wertet die Daten aus, die automatisch und zeitnah von Sensoren und Mikrochips, die sich an oder in einem Körper befinden, erfasst werden. Wenn die CEP-Software ein für ein medizinisches Problem charakteristisches Muster in den Daten erkannt hat, leitet sie umgehend geeignete Hilfsmaßnahmen ein.

Die Daten können entweder in einem kleinen vernetzten Computer, beispielsweise einem Smartphone, direkt am Patienten durch eine CEP-Software ausgewertet werden (nach dem Edge-Computing-Prinzip, also dezentral am Ort des Geschehens), oder sie werden über ein drahtloses Netzwerk an eine Cloud oder direkt in einen Rechner einer zentralen Überwachungsinstitution übermittelt. Die notwendigen Maßnahmen können von Ärzten, von Angehörigen oder von den Patienten selbst durchgeführt werden, oder die Software setzt automatisch eine Reaktion mit Hilfe von implantierten Aktoren in Gang.

Eine typische Einsatzmöglichkeit von CEP ist die Überwachung von Patienten, die aufgrund einer Erkrankung wie beispielsweise Demenz im Anfangsstadium in einer Pflegeeinrichtung wohnen oder zu Hause von Angehörigen betreut werden (siehe Abb. 1.8). Hierbei sind nicht nur Daten aus dem menschlichen Körper relevant, sondern auch beispielsweise der genaue Ort, an dem sich der Patient befindet, die Zeitdauer, wie lange sich der Patient nicht von der Stelle bewegt hat, die Wasserhöhe in der Badewanne, die Temperatur und der Luftdruck im Aufenthaltsraum sowie die Information, ob ein bestimmtes Medikament zum richtigen Zeitpunkt eingenommen wurde. Alle diese externen Daten werden mit geeigneten Sensoren erfasst und über ein Netzwerk *(Internet of Medical Things)* zu einer CEP-Software gesandt, die sie zusammen mit den internen Patientendaten zeitnah mit Hilfe von medizinischem Hintergrundwissen auswertet und gegebenenfalls eine Reaktion initiiert.

Es soll angemerkt werden, dass ein solcher Einsatz der CEP-Technik eine zusätzliche Hilfseinrichtung darstellt und nicht die notwendige persönliche Zuwendung ersetzen kann.

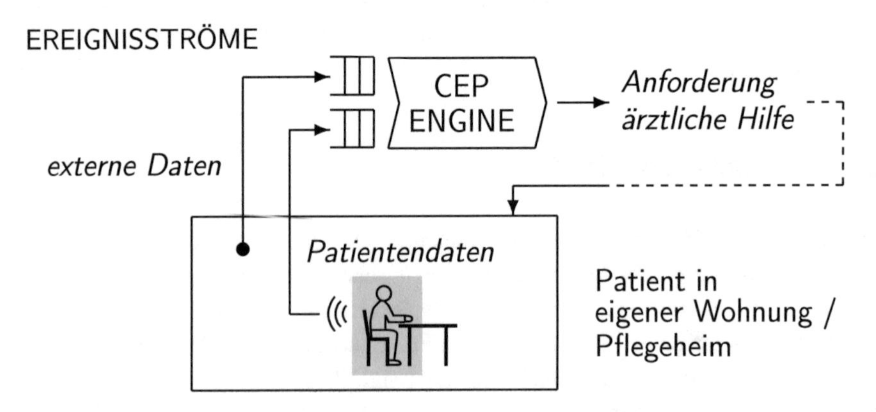

Abb. 1.8 Patientenüberwachung mit CEP

1.8 Betrugserkennung im Onlinebanking

Der monetäre Zahlungsverkehr wird sehr bald nahezu ausschließlich bargeldlos nach dem Prinzip des Onlinebanking durchgeführt werden. Bei großen Banken finden täglich Millionen von Online-Transaktionen auf unterschiedlichen Netzanbindungen statt. Nur mit einer Software ist es möglich, jede Transaktion dieser immensen Menge daraufhin zu überprüfen, ob sie von einem richtigen Kunden in beabsichtigter Weise oder von einem Betrüger ausgeführt wird. Da eine solche Überprüfung extrem schnell erfolgen muss (im Sekundenbereich) und da Betrugsaktivitäten im Web überwiegend in Form von speziellen Ereignismustern stattfinden, ist CEP die angemessene Technologie für die Betrugserkennung (engl. *Fraud Detection*) im Oblinebanking.

Es sind typische Betrugsmuster bekannt, die speziell auf Geldtransaktionen im Internet ausgerichtet sind. Beispielsweise ist das Abbuchen hoher Geldbeträge auf ein unbekanntes Konto einer Direktbank verdächtig, oder das wiederholte Abbuchen eher kleinerer Beträge innerhalb kurzer Zeit auf dasselbe Konto. Da oftmals vor dem eigentlichen Geld-Betrug gefälschte Ereignisse wie die Aufforderung der Hausbank zur Änderung der Anmeldedaten generiert werden (*Phishing,* siehe Abb. 1.9), kann eine sehr schnelle Reaktion eines CEP-Systems verhindern, dass Geld abgebucht wird bzw. von einem Zwischenkonto auf ein ausländisches Konto überwiesen wird. (Der Begriff *Phishing* ist ein Kunstwort, das *password fishing* ausdrücken soll.)

Eine Grundvoraussetzung für die Betrugserkennung im Onlinebanking durch CEP ist, dass die Bank das übliche Verhalten eines jeden Kunden als kundenspezifisches Profil gespeichert hat. Typische Profilkomponenten für diesen Zweck sind der Ort, von dem die Überweisung in Auftrag gegeben wird, die Sprache des Kunden, bestimmte Eigenschaften des Computers des Kunden sowie die kundenspezifische Computerbedienung. Wenn eine Überweisung stattfindet, wird überprüft, ob die einzelnen Transaktionsschritte zu dem Profil des Kunden, von dessen Konto ein Geldbetrag abgebucht werden soll, passen oder ob es signifikante Abweichungen gibt. Das CEP-System vergleicht dazu das Muster der aktuellen

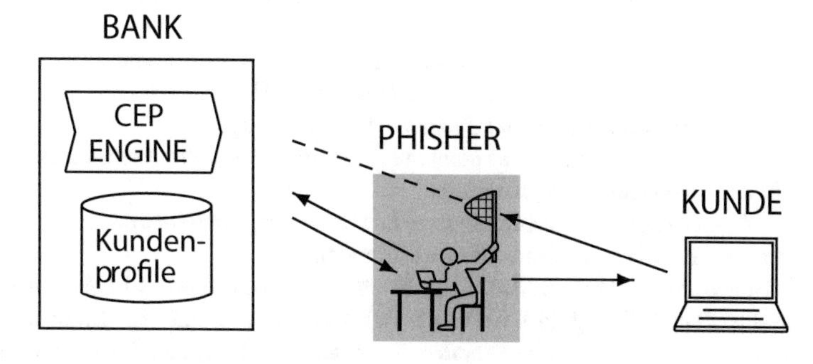

Abb. 1.9 Einsatz von CEP bei Betrug durch Phishing

Ereignisse mit den gespeicherten Profilmustern des Kunden. Die Profilmuster werden mit Techniken des maschinellen Lernens aus den vorausgegangenen Aktivitäten des Kunden hergeleitet und laufend aktualisiert.

1.9 Inhalt des Buchs

Nach der Einführung dieses ersten Kapitels werden im anschließenden Kap. 2 die grundlegenden Begriffe Prozess, Ereignis und komplexes Ereignis beschrieben und abgegrenzt. Kap. 3 befasst sich mit Strömen von Ereignissen. Da Ereignisströme in der Regel dauerhaft eintreffen, muss mit Hilfe geeigneter Strategien eine sinnvolle Auswahl der für ein zu erkennendes Ereignismuster relevanten Ereignisse getroffen werden, dies ist der Gegenstand von Kap. 4. Kap. 5 gibt einen Überblick über Ereignismuster mit Kern-Operatoren und fortgeschrittene Ereignismuster. In Kap. 6 werden beispielhaft einige CEP-Sprachen beschrieben. In Kap. 7 werden Mustererkennungsverfahren auf der Basis von endlichen Automaten, Petrinetzen und Event Detection Graphs vorgestellt. Die Rolle regelbasierter Techniken beim Erkennen von komplexen Ereignissen und bei der Herleitung von Entscheidungen ist der Inhalt von Kap. 8. Kap. 9 widmet sich dem implementierungstechnischen Aspekt des CEP, in Kap. 10 folgt eine Abgrenzung des CEP von anderen Verfahren des Data Analytics. In Kap. 11 sind die für die regelbasierten Aspekte des CEP notwendigen Grundlagen der Prädikatenlogik erster Stufe zusammengefasst.

Literatur

Alpaydin, E. (2019). *Maschinelles lernen* (2. Aufl.). Berlin: De Gruyter.

Beierle, C., & Kern-Isberner, G. (2019). *Methoden wissensbasierter Systeme – Grundlagen, Algorithmen, Anwendungen* (6. Aufl.). Wiesbaden: Springer Vieweg.

BPMN. (2020). Homepage: http://www.bpmn.org. Zugegriffen: 18. Febr. 2020.

Bruns, R., & Dunkel, J. (2010). *Event-Driven Architecture – Softwarearchitektur für ereignisgesteuerte Geschäftsprozesse*. Berlin, Heidelberg: Springer.

Etzion, O., & Niblett, P. (2010). *Event processing in action* (1. Aufl.). Greenwich: Manning Publications Co.

Finkenzeller, K. (2015). *RFID-Handbuch: Grundlagen und praktische Anwendungen von Transpondern, kontaktlosen Chipkarten und NFC*. Berlin, Heidelberg: Hanser.

Hedtstück, U. (2013). *Simulation diskreter Prozesse*. Berlin: Springer.

Jehle, M. (2013). *Algorithmic trading mit complex event processing*. Masterarbeit, Hochschule für Technik, Wirtschaft und Gestaltung Konstanz.

Luckham, D. (2002). *The power of events: An introduction to complex event processing in distributed enterprise systems*. Reading: Addison-Wesley Professional.

Mandal, S., Weidlich, M., & Weske, M. (2017). Events in business process implementation: Early subscription and event buffering. In J. Carmona, G. Engels, & A. Kumar (Hrsg.), *Business process management forum – 2017, Barcelona, Spain, September 10–15, 2017, Proceedings*, Bd. 297 d. Reihe *Lecture Notes in Business Information Processing*, (S. 141–159). Springer.

Terroso-Saenz, F., Valdés-Vela, M., Martínez, C. S., Toledo-Moreo, R., & Gómez-Skarmeta, A. F. (2012). A Cooperative Approach to Traffic Congestion Detection with Complex Event Processing and VANET. *IEEE Transactions on Intelligent Transportation Systems, 13*(2), 914–929.

W. M. P. van der Aalst. (2011). *Process mining – discovery, conformance and enhancement of business processes.* Berlin, Heidelberg: Springer.

2 Grundlegende Begriffe

Complex Event Processing ist eine relativ neue Technologie, die ihre Wurzeln in ganz unterschiedlichen traditionellen IT-Bereichen wie Datenbanken, ereignisorientierte Simulation, Business Intelligence, Datenanalyse oder Regelbasierte Systeme hat. Deshalb werden die im CEP-Umfeld verwendeten Begriffe und Beschreibungen von fachlich unterschiedlich orientierten Personengruppen geprägt mit der Folge, dass manche CEP-Konzepte sprachlich nicht klar voneinander abgegrenzt sind oder noch nicht über allgemein gültige Benennungen verfügen. Ein typisches Beispiel ist der Begriff „Ereignis", der normalerweise ausschließlich ein zeitlich punktuelles Geschehen ausdrückt, manchmal aber auch als Vorgang mit einer Zeitdauer aufgefasst wird. Die Auffassung von einem Ereignis als zeitlich punktuellem Geschehen müsste eigentlich die Verwendung des Begriffs „complex event" verbieten, denn ein solches ist üblicherweise ein Vorgang mit einer Zeitdauer. Besser geeignet wäre der Begriff „composite event", der zwar auch verwendet wird, der sich aber nicht auf breiter Basis durchsetzen kann.

In diesem Kapitel wollen wir möglichst exakt festlegen, welche Bedeutung den gängigen CEP-Begriffen zugeordnet werden soll. Anhand von typischen Anwendungen wird die Verwendung der Begriffe deutlich gemacht.

Grundlegende Begriffe zu Ereignissen und Prozessen findet man in der Literatur zur ereignisorientierten Simulation, beispielsweise in (Banks et al. 2009; Fishman 2001; Page und Kreutzer 2005; Hedtstück 2013). Begriffe im Zusammenhang mit Complex Event Processing sind in (Luckham 2002) sowie (Etzion und Niblett 2010) beschrieben.

2.1 Systeme, Prozesse, Ereignisse

Die Grundlage des Complex Event Processing bildet ein Prozess, dessen Ablaufzeit unbegrenzt ist und der einen Strom von Ereignissen generiert, der analysiert werden soll mit dem Ziel, in gewissen Situationen rechtzeitig eine prozesssteuernde Reaktion in Gang zu

U. Hedtstück, *Complex Event Processing*,
https://doi.org/10.1007/978-3-662-61576-8_2

setzen. Im Folgenden werden die wichtigsten Begriffe im Zusammenhang mit Complex Event Processing erläutert.

Ein *System* ist eine Menge von *Objekten,* die *Attribute* (Eigenschaften) haben können und die untereinander in *Beziehung* stehen können. Der *Zustand* eines Systems ist definiert durch die Menge seiner Objekte mit den jeweiligen Attributswerten und den Beziehungen untereinander.

Kann sich der Zustand eines Systems im Ablauf der Zeit ändern, so ist das System ein *dynamisches System.* In einem dynamischen System bezieht sich der Zustand immer auf einen Zeitpunkt. Finden die Zustandsänderungen nur in diskreten Zeitpunkten statt, so spricht man von einem *diskreten System,* andernfalls von einem *kontinuierlichen System.* Kann die Zustandsänderung vom Zufall abhängen, so ist das System ein *stochastisches System.*

Die Begriffe „dynamisches System" und „Prozess" werden oftmals als Synonyme aufgefasst, wir verwenden hier einen etwas spezifischeren Prozess-Begriff wie in (Hedtstück 2013, S. 15): „Ein *Prozess* ist ein dynamisches System, das mit einer *Ablauflogik* ausgestattet ist. Die Ablauflogik entscheidet, welche Zustandsübergänge im Ablauf des Prozesses möglich sind, und bestimmt dadurch die Menge der möglichen Verläufe der Prozessinstanzen." Nach dieser Definition bezieht sich der Prozess-Begriff auf eine Beschreibung möglicher Prozessabläufe, ein konkreter Prozessablauf wird als *Prozessinstanz* bezeichnet. Allerdings verwendet man für Prozessinstanzen oftmals auch kurz den Begriff Prozess.

Beim Complex Event Processing werden Prozesse beobachtet und analysiert, um ihren Ablauf oder den Ablauf anderer Prozesse zu beeinflussen, oder es werden neue Prozesse in Gang gesetzt.

Eine während des Ablaufs eines diskreten Prozesses eintretende sprunghafte Änderung des Systemzustands wird immer von einem *Ereignis* verursacht (engl. *event*). Ein Ereignis verändert die Menge der Objekte im System oder mindestens einen Attributswert eines Objekts oder eine Beziehung zwischen Objekten. Ein Ereignis ist ein Geschehnis, das keine *Realzeit* in Anspruch nimmt, sondern es tritt immer in einem Zeitpunkt ein, dem sogenannten *Zeitstempel* des Ereignisses (engl. *timestamp*).

Der Zustand eines dynamischen Systems setzt sich im Allgemeinen aus mehreren Zustandsgrößen zusammen. Es gibt *diskrete Zustandsgrößen,* bei denen sich die Zustandswerte in diskreten Zeitpunkten ändern, und es gibt *kontinuierliche Zustandsgrößen,* bei denen sich die Zustandswerte kontinuierlich ändern. Ein typisches Beispiel ist ein Raum in einem Gebäude mit den diskreten Zustandsgrößen „Fensterzustand" (mögliche Werte sind „auf" und „zu") und „Anzahl der Personen im Raum" sowie mit der kontinuierlichen Zustandsgröße „Temperatur" (vgl. Beisp. in Abschn. 2.4).

Eine kontinuierliche Zustandsgröße hat Werte aus dem Bereich der reellen Zahlen. Man kann sie näherungsweise als diskrete Zustandsgröße behandeln, indem man in festgelegten Zeitpunkten mit einem Sensor die Werte misst und an ein Empfänger-System abschickt. Als Beispiel betrachten wir die Temperatur in einem Raum. Bei dem Messvorgang der Temperatur hat der Sensor fast immer den Zustand „passiv". In den vorgesehenen Zeitpunkten tritt das Ereignis „Beginn Temperatur senden“ ein und der Zustand ändert sich auf „aktiv“. Dieser Zustand hat eine sehr kurze Zeitdauer, dann ändert sich der Zustand durch das Ereignis „Temperatur erfolgreich abgesendet“ wieder in den Zustand „passiv“. Das Empfänger-System registriert diesen Messvorgang als einzelnes Ereignis, das die Temperatur mit einem Zeitstempel meldet.

Wir verwenden in diesem Abschnitt den Begriff „Ereignis“ zunächst für elementare Ereignisse, die sich nicht aus Teilereignissen zusammensetzen. Zusammengesetzte Ereignisse werden in Abschn. 2.2 beschrieben und als „komplexe Ereignisse“ bezeichnet.

Ein Ereignis mit einem Zeitstempel ist üblicherweise die Ausprägung einer Klasse von gleichartigen Ereignissen, die als *Ereignistyp* bezeichnet wird. Ein konkretes Ereignis wird auch als *Instanz* des zugehörigen Ereignistyps bezeichnet. Ändert sich z. B. der Kurs einer Aktie in einem Zeitpunkt, so ist dieses Kursänderungsereignis eine Instanz des Ereignistyps „Kursänderung“. Neben dem Zeitstempel und einer Ereignisidentifikation werden einem Ereignis meist noch weitere Attribute und zusätzliche Informationen beigefügt.

Um Ereignisse mit einer Software zu verarbeiten, müssen sie geeignet modelliert und als Signale der Software mitgeteilt werden. Im Kontext des Complex Event Processing bezeichnet man diese Signale ebenfalls als Ereignis (Event). Abb. 2.1 zeigt ein Ereignis mit den für eine Anwendung relevanten Attributen. Wird ein Ereignis als Signal modelliert, so kann das Ereignis programmiertechnisch als Objekt einer Ereignis-Klasse aufgefasst werden.

Der Zeitstempel eines Ereignisses bezieht sich in der Regel auf den Eintrittszeitpunkt im Ablauf des realen Prozesses. Wird das Eintreten eines Ereignisses in Form eines Signals einem Rechner mitgeteilt, so ereignet sich am Rechner ein Ankunft-Ereignis für das Signal. Dieses Ankunft-Ereignis hat einen eigenen Zeitstempel, der sich auf den Zeitpunkt der Ankunft in einer CEP-Software bezieht. Die Problematik, die sich durch diese zwei

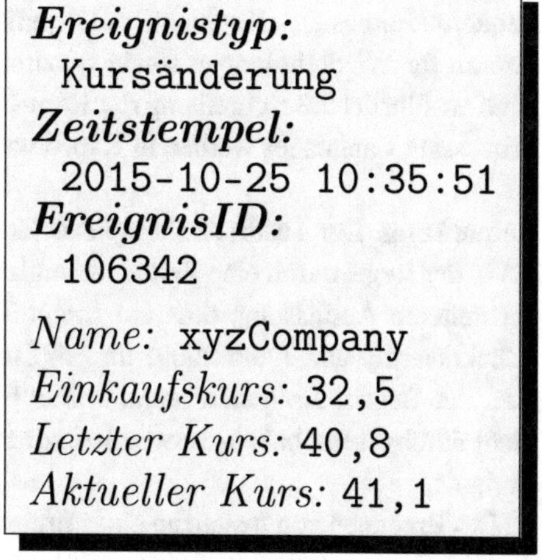

Ereignistyp:
Kursänderung
Zeitstempel:
2015-10-25 10:35:51
EreignisID:
106342

Name: xyzCompany
Einkaufskurs: 32,5
Letzter Kurs: 40,8
Aktueller Kurs: 41,1

Abb. 2.1 Beispiel eines Ereignisses

Zeitebenen ergibt, wird in Abschn. 3.3 noch einmal aufgegriffen. In den meisten Fällen spielt der Unterschied zwischen realem Ereigniszeitpunkt und dem Ankunftszeitpunkt im Rechner keine Rolle.

2.2 Komplexe Ereignisse

Beim Complex Event Processing wird in einer Menge von elementaren Ereignissen, die als Ereignisstrom von einer CEP-Software empfangen wird, ein *Muster* (engl. *pattern*) identifiziert, um daraus eine neue Menge von Startereignissen für Handlungsanweisungen zu generieren. Sowohl die eintreffende, ein gesuchtes Muster bildende Menge von Ereignissen als auch die daraus generierte Menge von Ereignissen zur Initiierung von Aktivitäten wird als *komplexes Ereignis* (engl. *complex event*) bezeichnet (siehe z. B. (Zimmer und Unland 1999; Luckham 2002)).

Ein elementares Ereignis, das zeitlich punktuell eintritt und durch einen eindeutigen Zeitstempel gekennzeichnet ist, heißt auch *atomares Ereignis* oder *primitives Ereignis* (engl. *primitive event*).

Ein *komplexes Ereignis* ist eine endliche Menge von atomaren Ereignissen, die passend zu einem vorgegebenen Ereignismuster zueinander in Beziehung stehen. In einem Ereignisstrom kann es mehrere komplexe Ereignisse geben, die zu einem Ereignismuster passen, deshalb werden komplexe Ereignisse auch als *Ereignisinstanz* bezeichnet, manchmal auch als *Ereignismusterinstanz* oder kurz *Musterinstanz* (engl. im Zusammenhang mit patterns auch als *match*). Im Spezialfall kann ein komplexes Ereignis eine einelementige Menge sein, dann besteht es aus einem atomaren Ereignis.

Für die Beschreibung von Ereignismustern verwendet man Beschreibungssprachen, die als *Event Pattern Language* oder in erweiterter Form als *Event Processing Language* bezeichnet werden. Nahezu jede Event Processing Language verfügt über die Kern-Operatoren Sequenz (zeitbasiert), Konjunktion, Disjunktion und Negation. Zusätzlich gibt es meist Operatoren für Wiederholungen sowie spezifische Funktionen bezogen auf die Attributwerte. Eine ausführliche Beschreibung der Kern-Operatoren folgt in Kap. 5, einige typische Event Processing Languages werden in Kap. 6 vorgestellt.

Bemerkung Der Ausdruck „komplexes Ereignis" ist nicht optimal, da ein komplexes Ereignis in der Regel durch eine Zeitdauer ungleich Null charakterisiert ist, im Gegensatz zu der verbreiteten Auffassung, dass ein Ereignis ein zeitlich punktueller Vorgang ist. Die von (Chakravarthy und Jiang 2009) im Englischen verwendete Bezeichnung *composite event* oder der Begriff *Ereignisverbund* wären besser geeignet. Da sich andere Bezeichnungen nicht durchgesetzt haben, verwenden wir hier den Begriff complex event bzw. komplexes Ereignis.

Das Erkennen von Instanzen eines Ereignismusters in einem Ereignisstrom erfolgt durch die CEP Engine, die mit Hilfe von spezialisierten Erkennungsalgorithmen die für eine Instanz relevanten atomaren Ereignisse auswählt und gemäß der Semantik der in dem Muster vorkommenden Operatoren zu einer Instanz des gesuchten Ereignismusters zusammenfügt. In Kap. 7 werden die wichtigsten Prinzipien der im CEP eingesetzten Mustererkennungsalgorithmen beschrieben.

Die Semantik von Ereignismuster-Operatoren hängt davon ab, wie komplexe Ereignisse zeitlich eingeordnet werden. Hierfür gibt es unterschiedliche Möglichkeiten. Bei der sogenannten *Zeitintervall-Semantik* wird einem komplexen Ereignis das Zeitintervall zugeordnet, das durch das früheste und das späteste atomare Ereignis der Ereignismenge festgelegt ist. Die *Zeitpunkt-Semantik* ordnet einem komplexen Ereignis den Zeitpunkt des spätesten zugehörigen atomaren Ereignisses zu. Auf diese Weise wird auch ein komplexes Ereignis mit einem Eintrittszeitpunkt in Verbindung gebracht. Die Zeitintervall-Semantik und die Zeitpunkt-Semantik werden in Abschn. 5.4 genauer vorgestellt und miteinander verglichen.

Da in einem Ereignisstrom meist viele Instanzen eines Ereignismusters vorkommen, müssen die Erkennungsalgorithmen in der Regel mit Strategien für eine Auswahl relevanter Instanzen kombiniert werden. Solche Auswahlstrategien bilden den Gegenstand von Kap. 4.

Ein spezieller Aspekt des Complex Event Processing bezieht sich auf die Tatsache, dass bei manchen Ereignissen der korrekte Wert eines Attributs nicht mit hundertprozentiger Sicherheit festgestellt werden kann. Dies kann z. B. vorkommen, wenn in einem Produktionsprozess der Wert eines Ereignis-Attributs durch einen Menschen festgelegt wird, oder wenn der Wert durch einen Sensor gemessen wird, für den der Hersteller aufgrund des schwierigen Messverfahrens keine Garantie für eine exakte Messung geben kann. Mit Hilfe der Wahrscheinlichkeitstheorie muss ermittelt werden, wie sich die Unsicherheit von atomaren Ereignissen auf komplexe Ereignisse auswirkt, und wie die Unsicherheit bei einer Entscheidungsfindung berücksichtigt werden kann. Die Problematik *unsicherer Ereignisse* beim CEP soll in diesem Buch nicht näher behandelt werden, für interessante Arbeiten zu diesem Thema verweisen wir auf (Cugola et al. 2015; Rincé et al. 2018).

2.3 Beispiel vorausschauende Wartung einer Maschine

Eine wichtige Komponente der Industrie 4.0 ist die *vorausschauende Wartung* von Fertigungsanlagen *(Predictive Maintenance),* um ungeplante Ausfälle zu verhindern und damit die Stillstandszeiten zu minimieren. Welche Rolle hierbei das Complex Event Processing spielen kann, soll anhand eines einfachen Beispiels demonstriert werden.

Die Maschine M in einem Fertigungsprozess bearbeitet Teile und leitet sie anschließend weiter. Wenn unter den letzten 5 bearbeiteten Teilen 2 Teile mit schlechter Qualität waren, wird vor der Bearbeitung des nächsten Teils eine Wartung der Maschine durchgeführt. Um gegebenenfalls eine Wartung anzustoßen, werden laufend die letzten 5 Qualitätswerte ausgewertet. Zur Speicherung der Information über die Qualität der Teile wird eine Warteschlange (Queue) mit Kapazität 5 verwendet. Für jedes bearbeitete Teil wird ein Qualitätswert in diese Queue eingefügt, bei voller Queue wird vorher der vorderste Eintrag der Queue entfernt (siehe Abb. 2.2, vgl. (Hedtstück 2013; Abschn. 5.4)).

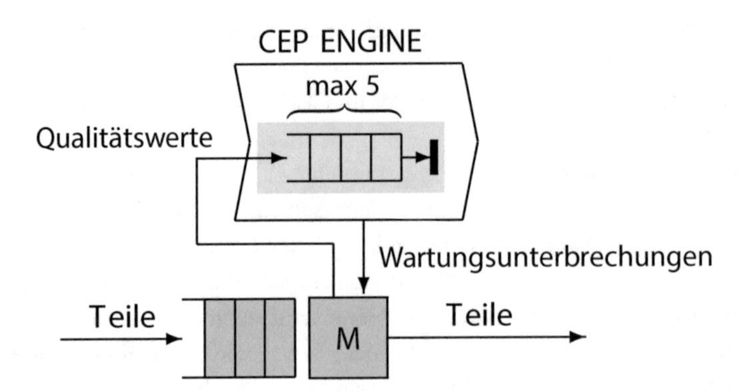

Abb. 2.2 Vorausschauende Veranlassung einer Wartung

Ist die Wartung beendet, wird die Queue geleert und die Qualitätsmessung beginnt von Neuem. Die Entscheidung, ob gewartet werden muss, erfolgt immer erst, wenn mindestens 5 Teile gefertigt worden sind.

Die Qualitätswerte werden jeweils im Zeitpunkt eines Bedienungsende-Ereignisses als atomares Ereignis zur CEP Engine geschickt, die entscheidet, ob gewartet werden muss oder nicht. Falls die Wartung notwendig ist, wird die Bearbeitung der Maschine unterbrochen und eine Wartung durchgeführt. Andernfalls wird aus dem Teilepuffer das nächste Teil entfernt und bearbeitet.

Die Arbeit der CEP Engine besteht darin, in dem eingehenden Strom von Qualitätswert-Ereignissen ein ganz bestimmtes Muster zu erkennen. Sind die Qualitätswerte „gut" mit 0 und „schlecht" mit 1 codiert, so muss einfach überprüft werden, ob zwei Qualitätswerte mit dem Wert 1 vorliegen.

Nach der Anlaufphase, nachdem die ersten 5 Messwerte vorliegen, gibt es von insgesamt $2^5 = 32$ möglichen 0-1-Kombinationen 26 Muster mit mindestens zwei Einsen, die alle eine Wartung in Gang setzen. Nur die Anfangs-5-Tupel 00000, 00001, 00010, 00100, 01000, 10000 veranlassen die Maschine, weiter zu arbeiten. Wenn ein neuer Wert hinzukommt, wird zunächst der älteste Wert ganz rechts gestrichen, es bleiben also die 4-Tupel 0000, 0001, 0010, 0100, 1000 übrig. Dann wird links eine Null oder eine Eins hinzugefügt. Eine Null löst keine Wartung aus, dagegen eine Eins, wenn eines der 5-Tupel 10001, 10010, 10100, 11000 entsteht. Genau diese vier 5-Tupel müssen generell nach der Anlaufphase als Muster erkannt werden.

Diese Muster sind sehr einfach. Im Wesentlichen besteht die Mustererkennung aus dem Aufsummieren der in der Queue sichtbaren Werte, wofür man keinen aufwändigen Mustererkennungsalgorithmus benötigt. In der Realität müssen kompliziertere Zusammenhänge von unterschiedlichen Messdaten erkannt werden.

Das Beispiel macht aber deutlich, wie man aufgrund eines erkannten Musters darauf schließen kann, dass die Maschine in naher Zukunft unbrauchbar werden könnte, wenn nicht rechtzeitig die Wartung durchgeführt wird. Dasselbe Prinzip liegt generell bei

CEP-Anwendungen im Rahmen des *Predictive Analytics* zugrunde, die im Vorhinein erkennen, ob beispielsweise für einen überwachten Patienten die akute Gefahr besteht, dass er einen Herzinfarkt erleidet *(Predictive Healthcare),* oder ob in einem bestimmten Distrikt einer Stadt in Bälde mit einem Einbruch zu rechnen ist *(Predictive Policing).*

2.4 Beispiel Temperaturüberwachung im Smart Home

Im vorigen Beispiel der vorausschauenden Wartung einer Maschine haben alle Ereignisse denselben Typ „Qualitätswert" mit den möglichen Attributswerten 0 und 1. Interessanter wird es, wenn die bei der CEP Engine eintreffenden Ereignisse von unterschiedlichem Typ sind und korreliert sind. Dies soll im folgenden Beispiel demonstriert werden, bei dem in einer Smart-Home-Überwachung erkannt wird, wenn ein Fenster offen ist und dadurch die Zimmertemperatur auf einen kritischen Wert abgesunken ist (Abb. 2.3).

Bei dieser Anwendung muss die CEP Engine in der Lage sein, Ereignisse unterschiedlichen Typs zueinander in Beziehung zu setzen. Die Auswertung erfolgt in dem Beispiel wieder mit Hilfe eines begrenzten Ausschnitts des eintreffenden Ereignisstroms, wobei eine zeitliche Begrenzung etwa von 30 min sinnvoll wäre. Solche Ausschnitte, die als Fenster bezeichnet werden, werden in Abschn. 2.5 näher erläutert.

Die CEP Engine soll das Ereignismuster, das hier verkürzt mit dem Ausdruck `Fe=a ; not Fe=z ; Tp<10` beschrieben ist, erkennen. Das Semikolon `;` wird als zeitbezogener Sequenzoperator verwendet. Der Ausdruck bedeutet, dass zunächst ein Sensor-Ereignis des kontrollierten Fensters mit dem Attribut „Fenster ist auf" erkannt werden muss

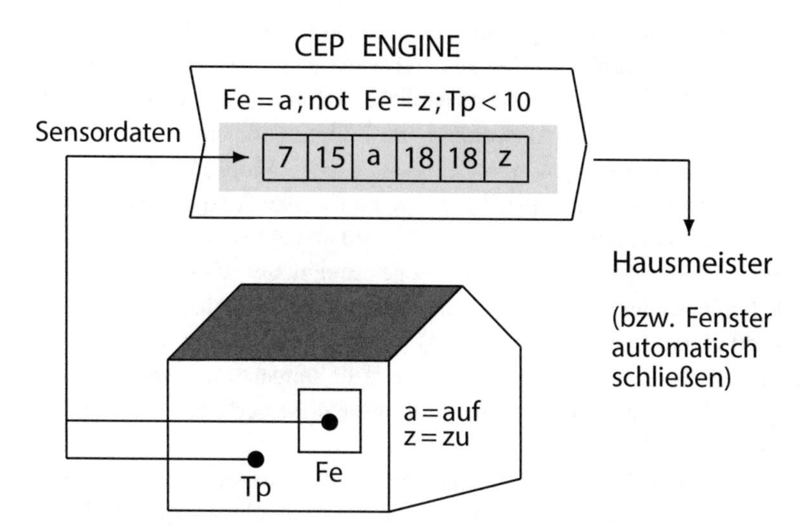

Abb. 2.3 Schließen eines Fensters bei Temperaturabfall

(kurz: `Fe = a`). Anschließend wird ein Temperatur-Ereignis mit einer Temperatur kleiner als 10 (`Tp < 10`) erwartet. Zusätzlich wird verlangt, dass zwischen diesen Ereignissen nicht gemeldet wird, dass das Fenster wieder zu ist (`not Fe = z`). Sobald die CEP Engine einen solchen Zusammenhang zwischen einer Zustandsmeldung für das Fenster und einer Temperaturmeldung erkannt hat (im Beispiel folgt nach `a` die Temperatur `7`), wird eine Reaktion zur Behebung des Störfalls initiiert.

Interessant ist hier die Verwendung der Negation `not Fe = z`. Dies bedeutet, dass das Ereignis `Fe = z` nicht eintreten darf. Für eine CEP-Auswertung, die nach endlicher Zeit ein Ergebnis liefern soll, macht dies nur dann einen Sinn, wenn der Zeitraum, in dem das Nicht-Eintreten eines Ereignisses verlangt wird, klar abgegrenzt ist. Dafür gibt es unterschiedliche Möglichkeiten und Schreibweisen (siehe Abschn. 5.2.4). In dem Beispiel wird der Zeitraum für das negierte Ereignis durch das davor stehende und das danach stehende Ereignis festgelegt.

Würde nach einer Zustandsmeldung `z` („Fenster ist zu") ein Temperaturwert kleiner als 10 gemeldet, ohne dass dazwischen eine Zustandsmeldung `a` („Fenster ist auf") eingegangen wäre, dann wäre das ein Signal dafür, dass die Heizung ausgefallen ist. Entsprechend müsste eine andere Reaktion erfolgen.

Bei einer umfassenden Überwachung eines Raums in einem Gebäude müssen viele unterschiedliche Ereignismuster berücksichtigt werden, auf die jeweils mit einer spezifischen Aktion reagiert wird.

2.5 Auswertung von Ereignisströmen

Da ein Ereignisstrom in der Regel nicht abbrechend ist, also im Prinzip aus einer unendlichen Menge von eintreffenden Ereignissen besteht, muss man bei der Suche nach einem Ereignismuster den Suchraum auf eine endliche Teilmenge beschränken. Beim Complex Event Processing erfolgt die Auswertung von Ereignisströmen meist auf der Basis von sogenannten gleitenden Längen- oder Zeitfenstern (engl. *Sliding Window*).

Bei einem *gleitenden Längenfenster,* wie es im Beispiel der dynamischen Veranlassung einer Wartung verwendet wurde (Abschn. 2.3), wird immer nur eine feste Anzahl von Ereignissen überprüft. Vor dem Einfügen eines neuen Ereignisses wird das älteste Ereignis entfernt. Die Implementierung erfolgt üblicherweise mit einer Queue.

Im Smart-Home-Beispiel (Abschn. 2.4) wurde ein *gleitendes Zeitfenster* verwendet (Abb. 2.4). Ein gleitendes Zeitfenster hat eine feste Zeitdauer und wird auf der Zeitachse entlang geschoben. Dabei werden immer die Ereignisse berücksichtigt, die im aktuellen Zeitfenster „sichtbar" sind.

Eine andere Methode wäre, alle Ereignisse eines Zeitintervalls anzusammeln, auszuwerten und dann alle zu löschen, bevor wieder eine neue Sammlung angelegt wird.

Ein Nachfolgeereignis wird durch die CEP Engine oftmals dann initiiert, wenn innerhalb eines gleitenden Längen- oder Zeitfensters ein *Schwellenwert* (engl. *threshold*) unter- oder

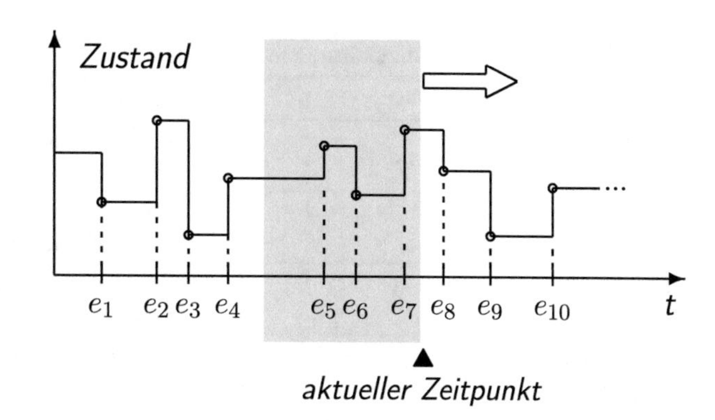

Abb. 2.4 Ein gleitendes Zeitfenster

überschritten wird. Im Smart-Home-Beispiel (Abschn. 2.4) wird als Schwelle nach unten die Temperatur 10 Grad Celsius verwendet.

Selbst wenn man sich auf Fensterausschnitte des Ereignisstroms beschränkt, kann die Anzahl der darin enthaltenen Instanzen eines Ereignismusters noch groß sein. Deshalb kommen beim CEP weitere Auswahlstrategien zum Einsatz, die mit den Begriffen *Consumption Mode* bzw. *Event Instance Selection* und *Event Instance Consumption* bezeichnet werden. In Kap. 4 folgt eine ausführliche Beschreibung der Auswahlstrategien, mit denen die für eine Anwendung relevanten Instanzen eines komplexen Ereignismusters ausgewählt werden.

2.6 Zusammenfassung wichtiger Begriffe für Ereignisse

In Tab. 2.1 sind die wichtigsten Begriffe im Zusammenhang mit der Verarbeitung von Ereignissen, die in den folgenden Abschnitten verwendet werden, zusammengefasst.

Da es für viele Aspekte des Complex Event Processing noch keine Standards gibt, werden manchmal unterschiedliche Begriffe für dasselbe Phänomen verwendet. Ein typisches Beispiel ist der Begriff „komplexes Ereignis“. Die im Englischen ebenfalls verwendete Bezeichnung „composite event“ wäre eigentlich angemessener, sie hat sich aber bis jetzt nicht auf breiter Basis durchgesetzt. Schon der Begriff „Ereignis“ wird nicht immer mit der gleichen Bedeutung verwendet, denn in der traditionellen Sicht beispielsweise im Bereich der ereignisorientierten Simulation ist ein Ereignis ein zeitlich punktueller Vorgang, mit dem immer ein Zeitpunkt verbunden ist und nicht eine Zeitdauer, durch die ein komplexes Ereignis charakterisiert ist.

Tab. 2.1 Begriffe im Zusammenhang mit Ereignissen

Begriff	Bedeutung
Atomares Ereignis	Zeitlich punktueller Vorgang, auch einfaches oder primitives Ereignis genannt
Komplexes Ereignis	Endliche Menge von atomaren Ereignissen, die zueinander in einer definierten Beziehung stehen
Ereignistyp	Eine Klasse von atomaren oder komplexen Ereignissen
Ereignismuster	Formale Beschreibung eines Ereignistyps
Ereignisinstanz	Konkretes Objekt eines Ereignistyps
Ereignismusterinstanz	Anderes Wort für Ereignisinstanz
Gleitendes Fenster	Ein Ausschnitt eines Ereignisstroms
Längenfenster	Fenster mit festgelegter Anzahl von Ereignissen
Zeitfenster	Fenster mit festgelegter Zeitdauer

Literatur

Banks, J., Carson II, J.S., Nelson, B. L, & Nicol, D. M. (2009). *Discrete-event system simulation* (5. Aufl.). Upper Saddle River: Pearson Education.

Chakravarthy, S., & Jiang, Q. (2009). *Stream data processing: A quality of service perspective – modeling, scheduling, load shedding, and complex event processing* (1. Aufl.). New York: Springer.

Cugola, G., Margara, A., Matteucci, M., & Tamburrelli, G. (2015). Introducing uncertainty in complex event processing: Model, implementation, and validation. *Computing, 97*(2), 103–144.

Etzion, O., & Niblett, P. (2010). *Event processing in action* (1. Aufl.). Greenwich: Manning Publications Co.

Fishman, G. S. (2001). *Discrete-event simulation*. New York: Springer.

Hedtstück, U. (2013). *Simulation diskreter Prozesse*. Berlin, Heidelberg: Springer.

Luckham, D. (2002). *The power of events: An introduction to complex event processing in distributed enterprise systems*. Reading: Addison-Wesley Professional.

Page, B., & Kreutzer, W. (2005). *The java simulation handbook. simulating discrete event systems with UML and Java*. Aachen: Shaker Verlag.

Rincé, R., Kervarc, R., & Leray, P. (2018). Complex event processing under uncertainty using markov chains, constraints, and sampling. In C. Benzmüller, F. Ricca, X. Parent, & D. Roman (Hrsg.), *Rules and Reasoning - Second International Joint Conference, RuleML+RR 2018, Luxembourg, September 18–21, 2018, Proceedings*, Bd. 11092 d. Reihe *Lecture Notes in Computer Science*, (S. 147–163). Springer.

Zimmer, D., & Unland, R. (1999). On the semantics of complex events in active database management systems. In M. Kitsuregawa, M. P. Papazoglou, & C. Pu (Hrsg.), *Proceedings of the 15th International Conference on Data Engineering, Sydney, Austrialia, March 23–26, 1999*, (S. 392–399). IEEE Computer Society.

3 Ereignisströme

In diesem Kapitel wird erklärt, wie Ereignisse bei einem CEP-System eintreffen und wie sie erfasst und für die Mustererkennung aufbereitet werden. In Abb. 3.1 ist noch einmal das Schema eines CEP-Systems dargestellt. Eine ausführliche Beschreibung der Architektur eines CEP-Systems findet man z. B. in (Luckham 2002) oder (Bruns und Dunkel 2010), in Kap. 9 werden einige grundlegende Aspekte einer Software-Realisierung von CEP dargestellt.

Die Ereignisse, die bei einem CEP-System eintreffen, entstammen unterschiedlichen Quellen, sogenannten *Ereignis-Produzenten,* die sich außerhalb des CEP-Systems befinden. Jeder Ereignis-Produzent schickt die Ereignisse als *Ereignisobjekte* in Form eines *Ereignisstroms* zum CEP-System. Wir gehen davon aus, dass die empfangenen Ereignisse immer atomare Ereignisse sind, deshalb lassen wir in diesem Kapitel das Adjektiv atomar oftmals weg.

3.1 Merkmale eines Ereignisstroms

Ein Ereignisstrom ist eine nicht abbrechende Folge von atomaren Ereignissen. Die Ereignisse eines Ereignisstroms sind Ereignisobjekte, die zu unterschiedlichen Ereignistypen gehören können.

Jedes Ereignisobjekt enthält mindestens die Informationen Ereignistyp, Zeitstempel und EreignisID (Abb. 3.2). Üblicherweise werden die Ereignisse durch Ereignistyp-spezifische zusätzliche Attribute charakterisiert.

Kommen die Ereignisse von unterschiedlichen Quellen, so kann die Information, aus welcher Quelle das Ereignis stammt, in den Ereignistyp integriert werden (z. B. ***Ereignistyp:*** `Sensor5-Temperatur`) oder als zusätzliches Attribut verwaltet werden (z. B. ***Quelle:*** `Sensor5`).

U. Hedtstück, *Complex Event Processing,*
https://doi.org/10.1007/978-3-662-61576-8_3

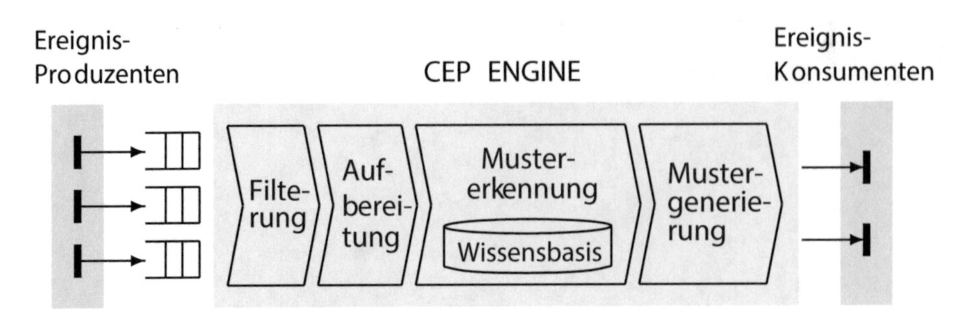

Abb. 3.1 Prinzip des CEP (vgl. Abb. 1.2)

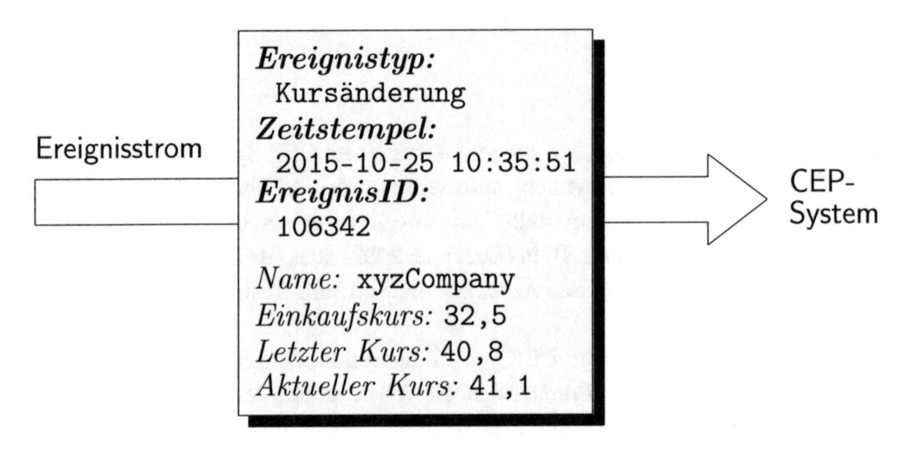

Abb. 3.2 Ereignisobjekt mit Zeitstempel

Da jedes atomare Ereignis durch einen Zeitstempel charakterisiert ist, kann man in den meisten Fällen alle eingehenden Ströme als einen gemeinsamen Strom behandeln. Nur in speziellen Fällen müssen unterschiedliche Ereignisströme getrennt verarbeitet werden, z. B. wenn die Ströme auf unterschiedlichen Zeiteinheiten basieren, die man nicht direkt miteinander vergleichen kann (vgl. (Eckert 2008)).

Manchmal werden Ereignisse zunächst zu einer Event Cloud geschickt, von wo sie dann vom CEP-System angefragt werden (siehe Abschn. 3.4). Dies stellt einen Spezialfall des CEP dar.

Im Diagramm der Abb. 3.1 sind vor der CEP Engine Warteschlangensymbole eingezeichnet. Da oftmals sehr viele Ereignisse eintreffen, kann es im Prinzip vorkommen, dass Wartesituationen entstehen. Genau dies sollte eine CEP Engine nach Möglichkeit verhindern, um eine Reaktion in angenäherter Echtzeit zu ermöglichen.

3.2 Filterung

Die Ereignisse, die in Form eines Ereignisstroms an einem CEP-System ankommen, sind oftmals von sehr unterschiedlicher Natur. Deshalb werden die für eine Anwendung des CEP offensichtlich irrelevanten Ereignisse sofort beim Eintreffen durch eine geeignete Filtersoftware aussortiert. Da dieser Vorgang sehr schnell erfolgen muss, werden in der Regel beim Filtern nur der Ereignistyp und Attribute abgeprüft, eine Berücksichtigung des Kontexts ist aus Effizienzgründen meist nicht möglich.

Neben der Aussortierung gemäß Ereignistyp bzw. Attributswerten werden bei der Filterung auch Duplikate von Ereignissen entfernt, die beispielsweise entstehen können, wenn unterschiedliche Sensoren Messbereiche aufweisen, die sich überlappen.

3.3 Aufbereitung durch den Präprozessor

Nach der Filterung werden die akzeptierten Ereignisse für die Bearbeitung durch die CEP Engine durch einen Präprozessor aufbereitet.

Typische Aufgaben der Aufbereitung sind die Bereinigung der Ereignis-Daten durch Streichung von irrelevanten Bestandteilen, die Korrektur erkennbar fehlerhafter Ereignis-Daten, das Hinzufügen fehlender Informationen sowie die Anpassung der Attributswerte an die verwendete CEP Engine. Beispielsweise müssen manchmal Temperatur-Daten von Fahrenheit in Celsius umgewandelt werden bzw. umgekehrt, oder es werden Längenangaben vom angloamerikanischen Maßsystem auf das metrische System umgerechnet.

Treffen Ereignisse z. B. in Form von XML-Code ein, so wird dieser in ein für die CEP-Software passendes Format übersetzt, das seinerseits wieder auf XML basieren kann. Für eine objektorientierte CEP-Software werden Ereignisse typischerweise als Objekte einer Klasse für Ereignisse bzw. einer geeigneten Unterklasse implementiert.

Eine weitere Aufgabe des Präprozessors ist eine auf die Mustererkennung ausgerichtete zeitliche Einordnung der Ereignisse, insbesondere wenn das CEP-System jedem eintreffenden Ereignisobjekt ein Ankunft-Ereignis zuordnet. Dann muss unterschieden werden zwischen dem Zeitstempel des Ereignisobjekts, der auch als *expliziter Zeitstempel* bezeichnet wird, und dem Zeitstempel des Ankunft-Ereignisses am CEP-System, dem *impliziten Zeitstempel*. Der explizite Zeitstempel ist immer kleiner (früher) oder gleich dem impliziten Zeitstempel, die Differenz wird als *Zeitversatz* (engl. *event time skew*) bezeichnet. Man muss deshalb die Zeitebenen *Realzeit* (engl. *event time*) und *Systemzeit* (engl. *processing time*) unterscheiden (Tab. 3.1).

Die zeitliche Reihenfolge der expliziten Zeitstempel kann sich von der zeitlichen Reihenfolge der impliziten Zeitstempel unterscheiden, z. B. wenn sich bei der Verwendung unterschiedlicher Datenquellen das Verschicken eines Ereignisobjekts verzögert und deshalb ein später eingetretenes Ereignis früher zum CEP-System geschickt wird, oder wenn

Tab. 3.1 Unterschiedliche Zeitebenen des CEP

	Realzeit = Anwendungszeit	Systemzeit = Rechnerzeit
Ereignis-ausprägung:	Ereignisobjekt	Ankunft-Ereignis
Zeitstempel:	Explizit	Implizit

Daten auf unterschiedlichen Netzverbindungen, die eine unterschiedliche Qualität aufweisen, eintreffen.

Der Präprozessor muss dafür sorgen, dass die zeitliche Behandlung der eintreffenden Ereignisse durch die CEP Engine konfliktfrei verläuft. Dies kann beispielsweise durch eine Pufferung mit einer dynamischen Sortierung erfolgen oder indem man mehrere Fenster für unterschiedliche Zeitintervalle parallel verwaltet wie in der Software Apache Flink (Apache-Flink 2020).

Oftmals werden den Ereignissen durch den Präprozessor zusätzliche Informationen beigefügt, die mit Hilfe von Hintergrundwissen hergeleitet werden. In schwierigen Fällen kommen hierbei regelbasierte Techniken zum Einsatz (in Ergänzung zu den in Kap. 8 beschriebenen Anwendungsbereichen regelbasierter Techniken beim CEP).

3.4 Event Clouds und Edge Computing

Der Begriff *Event Cloud* umfasst alle Ereignisse, die in einem vorgegebenen Zusammenhang, z. B. in einem Unternehmen, auftreten. Die Cloud empfängt die Ereignisse in der Regel aus unterschiedlichen Quellen. Für das Complex Event Processing müssen Ereignistypen definiert werden, die beobachtet und ausgewertet werden.

Die Interaktion eines CEP-Systems mit einer Cloud stellt ein typisches *Publish-Subscribe-Muster* dar. Die Ereignis-Produzenten schicken ihre Ereignisse zur Cloud, sobald sie eintreten. Die CEP Engine teilt der Cloud mit, an welchen Ereignistypen bzw. Ereignisquellen sie interessiert ist. Entweder greift die CEP Engine selbst mit einer bereitgestellten Schnittstelle auf die entsprechenden von der Cloud freigegebenen Ereignisse zu *(Pull-Prinzip)*, oder die Cloud schickt die ausgewählten Ereignisse als Strom zur CEP Engine *(Push-Prinzip)*.

Es gibt Systeme, bei denen das Erkennen von Ereignismustern schon in der Cloud durchgeführt wird. Dann schickt ein Benutzer nur die Beschreibung des Musters zur Cloud und er bekommt von der in die Cloud integrierten CEP Engine die erkannten Instanzen zurückgeliefert.

Eine Strategie ohne Cloud verfolgt das CEP nach dem *Edge-Computing*-Prinzip, bei dem die Ereignisse so nahe wie möglich bei den Ereignis-Produzenten analysiert und verarbeitet werden. Der englische Begriff *edge* bedeutet Kante und kennzeichnet die Verarbeitung am Rand eines Computernetzwerks.

CEP im Edge-Bereich ist beispielsweise für die Überwachung von Patienten im Rahmen von Predictive Healthcare (siehe Abschn. 1.7) sinnvoll, wenn die Datenübertragung zu einer Cloud oder an ein System in einer Klinik zu zeitaufwändig oder zu fehleranfällig wäre, oder wenn der Patient bei einer Warnung des CEP-Systems selbst die notwendigen Maßnahmen ergreifen kann. Auch bei selbstfahrenden Autos kommt das Edge CEP zum Einsatz, denn wenn eine in das Fahrzeugnetz integrierte CEP-Software ein Muster für eine bevorstehende Kollision mit einem anderen Fahrzeug erkennt, so muss in Sekundenbruchteilen darauf reagiert werden.

Literatur

Apache-Flink. (2020). Homepage W3C: http://flink.apache.org/. Zugegriffen: 20. Febr. 2020.

Bruns, R., & Dunkel, J. (2010). *Event-Driven Architecture – Softwarearchitektur für ereignisgesteuerte Geschäftsprozesse*. Berlin, Heidelberg: Springer.

Eckert, M. (2008). *Complex event processing with XChangeEQ: Language design, formal semantics, and incremental evaluation for querying events*. Doktorarbeit, Universität München.

Luckham, D. (2002). *The power of events: An introduction to complex event processing in distributed enterprise systems*. Reading: Addison-Wesley Professional.

4 Auswahlstrategien für komplexe Ereignisse

Nach der Filterung und der Aufbereitung durch den Präprozessor werden die akzeptierten Ereignisse durch die CEP Engine bearbeitet, deren Aufgabe darin besteht, Mengen von atomaren Ereignissen als Instanzen eines interessanten Musters zu identifizieren. In einem unendlichen Ereignisstrom ist auch nach der Filterung die Anzahl der zu einem Ereignismuster passenden Ereignismengen oftmals unendlich oder zumindest sehr groß, mit der Folge einer aufwändigen oder gar unmöglichen Verarbeitung. Deshalb wird die Auswahl der in Frage kommenden Ereignisinstanzen von der CEP Engine durch geeignete Strategien eingeschränkt. Im Folgenden stellen wir solche Strategien in Form von Fenster-Techniken und sogenannten Consumption Modes vor.

4.1 Auswertungsfenster

Eine Möglichkeit der Auswahl von Ereignisinstanzen besteht darin, nur eine begrenzte Anzahl von atomaren Ereignissen mit Hilfe von gleitenden Zeit- oder Längenfenstern zu berücksichtigen. Ein *Zeitfenster* (engl. *time window*, manchmal auch *logical window* genannt) hat immer eine feste Zeitdauer, ein *Längenfenster* (engl. *count window*, auch *Physical Window*) ist durch die maximale Anzahl von Elementen, die es aufnehmen kann, charakterisiert. Das Konzept der sogenannten *Sliding Windows* (*gleitende Fenster,* auch *Schiebefenster*) stammt aus der Netzwerktheorie im Zusammenhang mit dem Verschicken von Datenpaketen.

Wir zeigen zunächst zwei Beispiele, die jeweils mit passenden Statements der CEP-Software Esper versehen sind. In Abschn. 4.1.1 wird das Prinzip der gleitenden Fenster beschrieben.

U. Hedtstück, *Complex Event Processing,*
https://doi.org/10.1007/978-3-662-61576-8_4

SELECT	Auswahl der Daten	SELECT	avg(price)
FROM	Ereignisstrom	FROM	StockTickEvent
	[.Fensterspezifikation]		.win:time(30 sec)
WHERE	Muster	WHERE	name = 'IBM'

Abb. 4.1 Struktur und konkrete Ausprägung einer Anfrage in Esper

Abb. 4.1 zeigt links die Struktur einer typischen Esper-Anfrage bezogen auf einen Ereignisstrom. An den Ereignisstrom kann optional mit dem Punkt-Operator eine Fenster-Spezifikation angefügt werden. Rechts ist eine konkrete Anfrage formuliert (genaueres zu Esper siehe Abschn. 6.2).

Abb. 4.2 stellt ein gleitendes Zeitfenster dar, das sich auf einen Zeitraum von Δt bezieht. Mit unterschiedlichen Strategien kann man festlegen, in welchen Zeitabständen das Fenster weitergeschoben wird (siehe Abschn. 4.1.1).

Das in dem Esper-Beispiel mit `win:time(30 sec)` spezifizierte Fenster wird von der Esper-Software automatisch so verwaltet, dass immer die Ereignisse der letzten 30 s sichtbar sind.

In Abb. 4.3 ist ein gleitendes Längenfenster dargestellt, das immer eine feste Anzahl von aufeinander folgenden Ereignissen sichtbar macht. Die Implementierung eines Längenfensters erfolgt üblicherweise mit einer Queue. Wenn bei voller Queue ein neues Ereignis eintrifft, wird das vorderste (älteste) Ereignis der Queue entfernt und das neue Ereignis wird hinten hinzugefügt.

Meist werden im CEP Sliding Windows zur Auswertung der eintreffenden atomaren Ereignisse verwendet. Manchmal werden auch andere Bewegungsarten ermöglicht. Im Folgenden werden unterschiedliche Verschiebestrategien für Auswertungsfenster beschrieben (vgl. (Cugola und Margara 2012); (Mendes et al. 2009); (Patroumpas und Sellis 2006)).

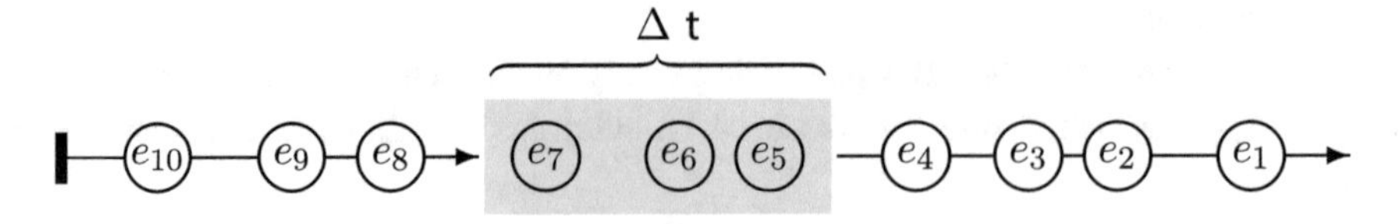

Abb. 4.2 Ein gleitendes Zeitfenster in einem Ereignisstrom

```
select   avg(price) from StockTickEvent.win : length(3)
```

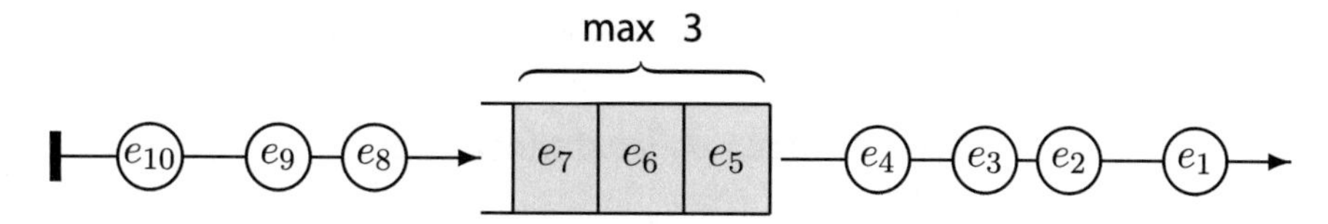

Abb. 4.3 Ein gleitendes Längenfenster in einem Ereignisstrom

4.1.1 Sliding Windows

Bei einem Sliding Window (auch: *Hopping Window*) bewegen sich der Anfangs- und der Endpunkt des Fensters gemäß einem vorgegebenen *Verschiebefaktor* (engl. *slide size* oder *hop size*) um das gleiche Zeitsegment oder um dieselbe Anzahl von atomaren Ereignissen.

Abhängig von der Größe des Verschiebefaktors gibt es für die Beziehung zweier aufeinander folgender Fensterinstanzen drei Möglichkeiten: sie überlappen sich, sie folgen direkt aufeinander oder es gibt eine Lücke dazwischen. Ist der Verschiebefaktor kleiner als die Fenstergröße, dann überlappen sich aufeinanderfolgende Fenster, und man nennt das Fenster *Rolling Window*. Wenn der Verschiebefaktor größer oder gleich der Fenstergröße ist, dann sind die Fensterinstanzen disjunkt. In diesem Fall spricht man von einem *Tumbling Window* (manchmal auch *Jumping Window* oder *Batch Window*).

Das Verschieben ist eine anschauliche Betrachtung, die beschreibt, welche neuen Ereignisse ins Fenster aufgenommen werden, und welche Ereignisse aus dem Fenster entfernt werden. Für die Umsetzung benötigt man ein geeignetes Software-Konzept auf der Basis von dynamischen Datenstrukturen wie Liste oder Queue.

Ein neu ankommendes atomares Ereignis wird grundsätzlich in das verwendete Fenster aufgenommen. Der Verschiebefaktor bestimmt, in welchem Rhythmus wie viele Elemente aus dem Fenster entfernt werden. In Abb. 4.4 ist ein Längenfenster dargestellt mit der Auswirkung unterschiedlicher Verschiebefaktoren. Die linke Variante zeigt ein Rolling Window mit Verschiebefaktor 1, bei dem für jedes neue Ereignis immer das älteste entfernt wird. Im mittleren Beispiel mit Verschiebefaktor 2 werden bei der Ankunft eines neuen Ereignisses bei vollem Fenster die beiden ältesten Ereignisse gelöscht. Rechts ist ein Tumbling Window dargestellt mit Verschiebefaktor 3. Beim Tumbling Window wird der gesamte Inhalt entfernt, sobald die Maximalzahl erreicht wird.

Bei einem Zeitfenster im Umfang von 10 min bedeutet beispielsweise ein Verschiebefaktor von 4 min, dass alle 4 min alle Ereignisse entfernt werden, die älter als 6 min sind. Bei einem Tumbling Time Window der Größe 10 min ist der Verschiebefaktor größer oder gleich 10 min. In diesem Fall wird das Fenster nach 10 min geleert und das Auffüllen beginnt, sobald die durch den Verschiebefaktor vorgegebene Zeitdauer verstrichen ist.

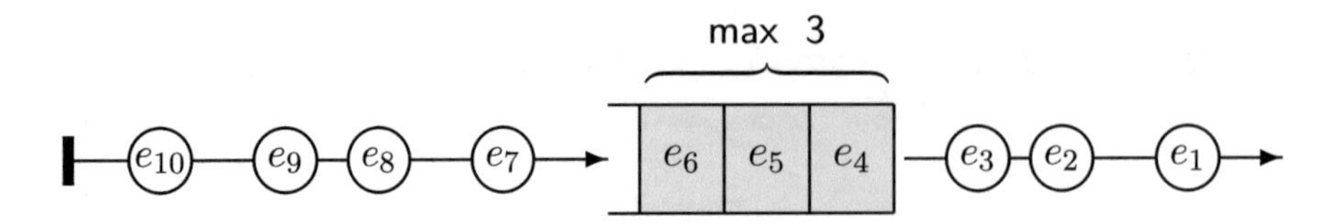

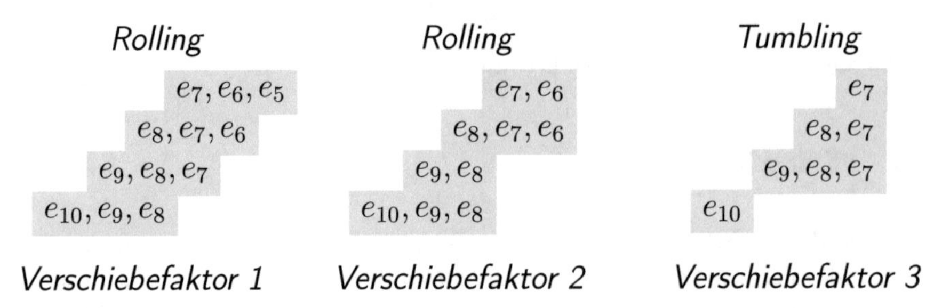

Abb. 4.4 Längenfenster, Unterschied Rolling – Tumbling

Nur wenn der Verschiebefaktor kleiner oder gleich der Fensterlänge bzw. Fensterdauer ist, werden alle eintreffenden atomaren Ereignisse berücksichtigt. Ist der Verschiebefaktor echt kleiner als die Fensterlänge/Fensterdauer, dann kann es vorkommen, dass ein atomares Ereignis mehrfach ausgewertet wird. Um zu verhindern, dass grenzüberschreitende komplexe Ereignisse übersehen werden, müssen die Fensterlänge/Fensterdauer groß genug und der Verschiebefaktor möglichst klein gewählt werden.

4.1.2 Landmark Windows

Ein Landmark Window entspricht im Wesentlichen einem Zeit-basierten Tumbling Window mit folgendem Unterschied: Anstatt eines Verschiebefaktors in Form eines Zeitsegments wird der konkrete Zeitpunkt angegeben, zu dem das Fenster enden soll. Beispielsweise wird festgelegt, dass das Fenster immer abends um 24 Uhr geschlossen wird. Anschließend wird eine neue Fensterinstanz begonnen. Die Fensterdauer kann durch geeignete Zeitangaben auch unterschiedlich lang sein, beispielsweise durch eine Vorgabe wie „immer am Freitag und Sonntag um 24 Uhr“. Dadurch könnte das Verhalten eines Ereignisstroms unter der Woche von dem Verhalten am Wochenende unterschieden werden.

Manchmal verwendet man nur ein einziges Landmark Window, das alle Ereignisse aufnimmt bis zu einem definierten Endzeitpunkt.

4.1.3 Andere Windows

Sliding Windows und Landmark Windows verarbeiten eintreffende Ereignisse nach dem FIFO-Prinzip (First In First Out). Es gibt flexiblere Fenstertechniken, bei denen die Aufnahme bzw. das Entfernen der Ereignisse von ihren Eigenschaften abhängt. Man spricht dann von *predicate-based windows* oder *attribute-based windows* im Gegensatz zu *time-based* oder *count-based windows* (genaueres siehe Eckert 2008).

4.1.4 Partitioning

In einem Ereignisstrom sollen oftmals nur atomare Ereignisse eines bestimmten Typs für das Erkennen eines Ereignismusters berücksichtigt werden. Dann kann man zunächst einen Teilstrom generieren, der nur die relevanten atomaren Ereignisse enthält und darauf einen Mustererkennungsalgorithmus ansetzen. Wenn man den ursprünglichen Ereignisstrom in disjunkte Teilströme *partitioniert* und eine vordefinierte Fensterart für jeden Teilstrom verwendet, dann spricht man von *Partitioned Windows* (vgl. Hirzel 2012).

4.2 Event Consumption Modes

Neben der Verwendung von Fenstern gibt es eine Klasse weiterer Strategien, mit denen die Menge der zu einem Ereignismuster passenden Instanzen eingeschränkt werden kann, die unter dem Begriff *Event Consumption Mode* (kurz *Consumption Mode*) zusammengefasst werden. Durch unterschiedliche Consumption Modes wird die Menge der gewünschten Instanzen, die wir im Folgenden auch als *Lösungen* bezeichnen, auf den Bedarf angepasst. Der englische Begriff „Consumption Mode" drückt die Art aus, wie atomare Ereignisse eines Ereignisstroms bei der Suche nach Instanzen eines Ereignismusters konsumiert werden. Wir fassen hier unter dem Begriff „konsumieren" die Auswahl für eine potentielle Lösung und die Entscheidung über die Wiederverwendbarkeit für weitere Lösungen zusammen. Manchmal trennt man die beiden Aspekte und verwendet die Begriffe *Event Instance Selection* und *Event Instance Consumption* (siehe Abschn. 4.3).

Wir stellen die wichtigsten Event Consumption Modes vor und folgen dabei den Ausführungen in (Adaikkalavan und Chakravarthy 2011). Als Ereignismuster verwenden wir die zweifache Sequenz für atomare Ereignisse. Die durch das Beispiel gezeigten Mechanismen können auch auf andere binäre Operatoren übertragen werden (siehe Kap. 5).

Die Beschreibung der Consumption Modes für die zweistellige Sequenz ist einfacher und leichter verständlich als im allgemeinen Fall eines komplexen Ereignismusters, insbesondere weil hierbei die zugrunde gelegte Zeitsemantik eindeutig ist. In Abschn. 4.3 wird eine allgemeinere Auswahlstrategie anhand der dreistelligen Sequenz vorgestellt. Dies soll insbesondere einen Einblick in das generelle Prinzip der Auswahl von Instanzen bei mehr als zweistelligen Operatoren vermitteln.

Bei dem hier behandelten Beispiel wird ein komplexes Ereignis nach dem Sequenz-Muster $A; B$ gesucht, wobei A und B atomare Ereignistypen sind. Das Semikolon ist hierbei der binäre Sequenzoperator. Eine Menge von zwei atomaren Ereignissen $\{a, b\}$, wobei a vom Typ A ist und b vom Typ B, genügt diesem Muster, wenn zuerst a eintritt und dann b. Dazwischen können andere atomare Ereignisse eintreten. a ist hierbei das sogenannte *Initiator-Ereignis*, weil es die Mustererkennung startet, und b ist das *Detektor-Ereignis*, weil mit seinem Eintreten eine Instanz des Ereignismusters erkannt worden ist.

Im Folgenden bezeichnen wir Ereignisse des Typs A mit $a_1, a_2, a_3, \ldots$ und Ereignisse des Typs B mit $b_1, b_2, b_3, \ldots$. Dabei ist die zeitliche Reihenfolge festgelegt durch $a_1 < a_2 < a_3 < \ldots$ bzw. $b_1 < b_2 < b_3 < \ldots$, insbesondere sind a_1 bzw. b_1 die jeweils ältesten Ereignisse. Wir setzen der Einfachheit halber voraus, dass die als Strom eintreffenden atomaren Ereignisse alle einen verschiedenen Zeitstempel haben. In (Zimmer und Unland 1999) wird ein Ansatz beschrieben, bei dem auch simultane Ereignisse (atomare Ereignisse mit gleichem Zeitstempel) eintreten können (siehe auch Abschn. 4.3).

Für einfache Ereignismuster wie die hier betrachteten Sequenzen genügt es, die Instanzen (Lösungen) als Mengen $\{e_1, e_2, \ldots, e_n\}$ $(n \geq 1)$ von atomaren Ereignissen darzustellen. Wir verwenden dabei für die Mengendarstellung immer dieselbe Reihenfolge, wie sie durch die Zeitstempel der atomaren Ereignisse festgelegt ist. Für schwierige Ereignismuster müsste man in dem Ausdruck, der das Muster beschreibt, die Ereignistypen durch konkrete atomare Ereignisse ersetzen und für die Operatorsymbole entsprechende Interpretationen festlegen, vergleichbar den mathematischen Ausdrücken mit Variablen.

Wir veranschaulichen die Consumption Modes mit dem Konzept eines abstrakten *Mustererkenners*. Ein Mustererkenner ist ein Algorithmus, der in der Realität z. B. ein endlicher Automat sein könnte oder irgendein anderer Algorithmus für die Mustererkennung. Verschiedene Möglichkeiten für die Realisierung eines Mustererkenners werden in Kap. 7 vorgestellt. Ein ähnliches Konzept wird in (Cugola und Margara 2010) für die Event Specification Language TESLA beschrieben. Anstatt des Begriffs „Mustererkenner" wird häufig auch der englische Begriff „Event Processing Agent" verwendet (siehe z. B. Bruns uns Dunkel 2010).

Für den Einsatz von Mustererkennern legen wir die folgenden Regeln fest.

- Ein Mustererkenner arbeitet die atomaren Ereignisse eines Ereignisstroms in der Reihenfolge des zeitlichen Eintreffens ab.
- Der Start eines Mustererkenners wird immer durch ein Initiator-Ereignis veranlasst.
- Es können mehrere Mustererkenner gleichzeitig ablaufen.
- Registriert ein Mustererkenner ein weiteres Initiator-Ereignis, dann kann er es überlesen, er kann neu starten, oder es wird parallel ein weiterer Mustererkenner gestartet.

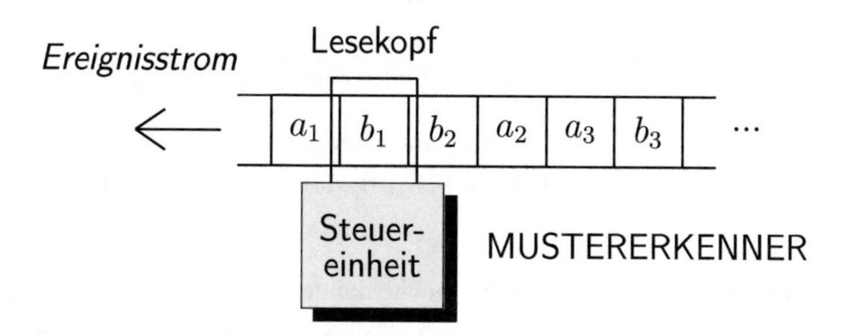

Abb. 4.5 Das Prinzip eines Zustandsautomaten für die Mustererkennung

- Hat ein Mustererkenner ein Detektor-Ereignis erkannt, so gibt er eine Lösungsinstanz zurück. Er kann dann stoppen oder weiterlaufen, um ein weiteres Detektor-Ereignis zu finden.
- Sind mehrere Mustererkenner gleichzeitig aktiv, so hat ein früher gestarteter Mustererkenner immer Vorrang vor einem danach gestarteten Mustererkenner.

Die letztgenannte Regel benötigt man, wenn atomare Ereignisse gelöscht werden, um zu verhindern, dass sie von anderen parallel ablaufenden Mustererkennern verwendet werden.

Im Prinzip kann man sich einen Mustererkenner wie einen sogenannten *Zustandsautomaten* vorstellen. Ein Zustandsautomat ist ein Algorithmus, der einen Strom von atomaren Ereignissen in der zeitlichen Abfolge liest und mit Hilfe von Zuständen Information speichern und Reaktionen in Gang setzen kann. In Abb. 4.5 ist das Prinzip eines Zustandsautomaten dargestellt.

Bemerkung Im Gegensatz zu den früheren Betrachtungen stellen wir ab jetzt einen Ereignisstrom immer mit der Flussrichtung von rechts nach links dar wie in Abb. 4.5. Dies entspricht der üblichen Darstellung im Zusammenhang mit Zustandsautomaten und passt auch zu der Formulierung A; B des Sequenzmusters (zuerst A, dann B) sowie zu der Schreibweise $e_1, e_2, e_3, ...$ für eine Folge von Ereignissen.

4.2.1 Unrestricted Consumption Mode

Beim *Unrestricted Consumption Mode* (Abb. 4.6) gibt es keine Einschränkungen bei der Auswahl relevanter atomarer Ereignisse. Alle möglichen Mengen von atomaren Ereignissen, die dem gesuchten Muster genügen, werden berücksichtigt und weiterverarbeitet. *(Jedes Initiator-Ereignis startet einen eigenen Mustererkenner, der alle möglichen Detektor-Ereignisse berücksichtigt.)*

Abb. 4.6 Beispiel Unrestricted Consumption Mode

Ereignisstrom: $a_1, b_1, b_2, a_2, a_3, b_3$
Pattern: $A; B$
Consumption Mode: Unrestricted
Lösungen: $\{a_1, b_1\}$, $\{a_1, b_2\}$, $\{a_1, b_3\}$, $\{a_2, b_3\}$, $\{a_3, b_3\}$.

Anwendungsbeispiel: Personen betreten nacheinander einen Raum (Ereignistyp A). Auf einem Display werden laufend Informationen bekannt gegeben (Ereignistyp B). Man will wissen, welche Person über welche Information verfügt.

4.2.2 Recent Consumption Mode

Im *Recent Consumption Mode* wird immer das jüngste Initiator-Ereignis zur Erkennung der nächsten Instanz des gesuchten Ereignismusters verwendet. Eine Folge davon ist, dass ein Detektor-Ereignis immer nur zu einem Initiator-Ereignis gehören kann. *(Es gibt immer nur einen laufenden Mustererkenner. Er wird für jedes Initiator-Ereignis neu gestartet. Es wird jedes Detektor-Ereignis vor dem nächsten Initiator-Ereignis berücksichtigt.)*

Im Beispiel der Abb. 4.7 wird z. B. die Menge $\{a_2, b_3\}$ nicht als Lösung berücksichtigt, da das Ereignis a_2 sofort durch a_3 als jüngstes Initiator-Ereignis abgelöst wird.

Anwendungsbeispiel: Für das Lernen interessanter Muster im Ablauf von Aktienkursen sollen im Rahmen eines CEP-Projekts für eine bestimmte Aktie die beiden Zeitpunkte t_1 mit Einkaufskurs k_1 und t_2 mit Verkaufskurs k_2 ermittelt werden, die den größten prozentualen Gewinn ermöglicht hätten. Die Kurse treffen als Strom von StockTick-Ereignissen ein. Zur Erledigung dieser Aufgabe muss immer der bisherige minimale Kurs als Einkaufskurs temporär gespeichert werden. Für die darauf folgenden Kurse wird jeweils der prozentuale Gewinn berechnet, bis wieder ein neues Minimum eintritt, das als neuer Einkaufskurs verwendet wird. Der bisherige maximale prozentuale Gewinn mit den zugehörigen Daten wird ebenfalls temporär gespeichert.
Die CEP Engine ordnet den eintreffenden StockTick-Ereignissen jeweils den Ereignistyp A oder B zu beginnend mit A. Ist der Kurs eines Ereignisses kleiner als der aktuelle Minimalkurs, so bekommt es den Typ A, andernfalls den Typ B. Das gesuchte Ereignismuster ist die Sequenz A; B. Jedes A-Ereignis ist ein Initiator-Ereignis, jedes B-Ereignis ist ein Detektor-Ereignis (siehe Abb. 4.8).

Abb. 4.7 Beispiel Recent Consumption Mode

Ereignisstrom: $a_1, b_1, b_2, a_2, a_3, b_3$
Pattern: $A; B$
Consumption Mode: Recent
Lösungen: $\{a_1, b_1\}$, $\{a_1, b_2\}$, $\{a_3, b_3\}$.

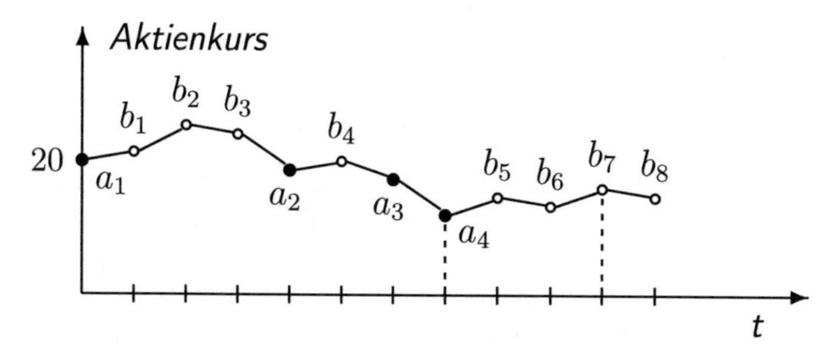

Abb. 4.8 Verlauf der Ereignisfolge des Börsenkurs-Beispiels

Z. B. würde die Kursfolge 20, 21, 24, 23, 19, 20, 18, 14, 16, 15, 17, 16 die Ereignisfolge $a_1, b_1, b_2, b_3, a_2, b_4, a_3, a_4, b_5, b_6, b_7, b_8$ ergeben. Der Recent Consumption Mode liefert die Lösungen $\{a_1, b_1\}$, $\{a_1, b_2\}$, $\{a_1, b_3\}$, $\{a_2, b_4\}$, $\{a_4, b_5\}$, $\{a_4, b_6\}$, $\{a_4, b_7\}$, $\{a_4, b_8\}$. Den höchsten prozentualen Gewinn von ca. 21,4 % liefert die Lösung $\{a_4, b_7\}$ mit einem Anstieg von 14 auf 17.

4.2.3 Continuous Consumption Mode

Der *Continuous Consumption Mode* zeichnet sich dadurch aus, dass ein Initiator-Ereignis immer nur einmal verwendet wird. *(Jedes Initiator-Ereignis startet einen eigenen Mustererkenner, der aber nur bis zum nächsten Detektor-Ereignis läuft.)*

Das Beispiel der Abb. 4.9 zeigt, dass im Continuous Consumption Mode ein Detektor-Ereignis in mehreren Instanzen des gesuchten Ereignismusters vorkommen kann.

Anwendungsbeispiel: In einer Smart Factory soll das folgende Logistikproblem intelligent gesteuert werden.
Eine Maschine legt fertig bearbeitete Teile auf einer Palette ab. In unregelmäßigen Abständen kommt ein Gabelstapler vorbei und transportiert die Palette mit den gerade vorhandenen Fertigteilen zu einem Lager (Abb. 4.10). Es kann vorkommen, dass der Gabelstapler zu früh kommt und kein Fertigteil vorhanden ist, dann fährt er zu einer anderen Maschine. Ist die Palette voll, so stoppt die Maschine, bis der nächste Gabelstapler kommt und die volle Palette mitnimmt.

Abb. 4.9 Beispiel Continuous Consumption Mode

Ereignisstrom: $a_1, b_1, b_2, a_2, a_3, b_3$
Pattern: $A; B$
Consumption Mode: Continuous
Lösungen: $\{a_1, b_1\}$, $\{a_2, b_3\}$, $\{a_3, b_3\}$.

Abb. 4.10 Abtransport mit einem Gabelstapler

Den Transport zum Lager kann man dadurch modellieren, dass man den Ereignistyp A für die Ablage eines Fertigteils auf der Palette verwendet, und den Ereignistyp B für die Abfahrt des Gabelstaplers zum Lager oder zu einer anderen Maschine. Eine Lösung $\{a_i, b_j\}$ des Musters $A; B$, die durch den Continuous Consumption Mode erzeugt wird, entspricht dann der Ablage a_i des i-ten Fertigteils auf der Palette und dem Abtransport b_j dieses Fertigteils durch den nächsten Gabelstapler.

In dem in Abb. 4.10 dargestellten Beispielstrom kommt das Detektor-Ereignis b_2 in keiner Lösung vor. Dies modelliert den Fall, dass der Gabelstapler leer zur nächsten Maschine fährt, weil kein Fertigteil vorhanden ist.

Wird für jedes Fertigteil ein eigener Mustererkenner verwendet, wird dies bei großen Mengen von Fertigteilen sehr aufwändig. Im Cumulative Consumption Mode, der in Abschn. 4.2.7 beschrieben wird, werden alle zur selben Palette gehörigen Fertigteile von einem einzigen Mustererkenner zusammengefasst.

4.2.4 Chronicle Consumption Mode

Im *Chronicle Consumption Mode* wird immer das älteste noch freie Initiator-Ereignis mit dem ältesten noch freien Detektor-Ereignis gepaart. Dadurch wird sowohl ein Initiator-Ereignis als auch ein Detektor-Ereignis jeweils maximal einmal benützt. Alle Lösungen sind paarweise disjunkt. *(Jedes Initiator-Ereignis startet einen eigenen Mustererkenner, der nur bis zum nächsten Detektor-Ereignis läuft. Dieses Detektor-Ereignis wird gelöscht. Sind mehrere Mustererkenner gleichzeitig aktiv, so hat ein früher gestarteter Mustererkenner immer Vorrang vor einem danach gestarteten Mustererkenner.)*

Im Ereignisstrom der Abb. 4.11 wurde noch ein weiteres atomares Ereignis b_4 des Typs B hinzugefügt, um den Unterschied zwischen dem Chronicle Consumption Mode und

Abb. 4.11 Beispiel Chronicle Consumption Mode

Ereignisstrom: $a_1, b_1, b_2, a_2, a_3, b_3, b_4$
Pattern: $A; B$
Consumption Mode: Chronicle
Lösungen: $\{a_1, b_1\}$, $\{a_2, b_3\}$, $\{a_3, b_4\}$.

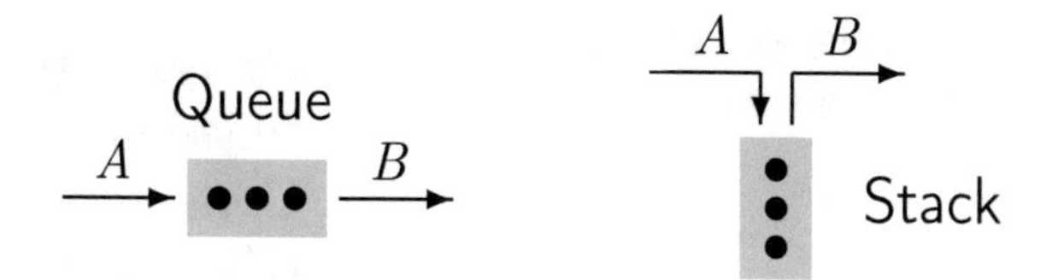

Abb. 4.12 Queue und Stack

dem anschließend in Abschn. 4.2.5 beschriebenen Regular Consumption Mode deutlich zu machen.

Anwendungsbeispiel: Der Chronicle Consumption Mode für eine binäre Sequenz A; B realisiert im Prinzip das Abarbeiten einer *Queue* nach dem *FIFO*-Prinzip *(First In First Out)* (Abb. 4.12). Ein typisches Beispiel ist das Einlagern und die Entnahme von Artikeln in einem Lager. Wenn der Ereignistyp A für das Einlagern steht und der Ereignistyp B für die Entnahme, so könnte die Chronicle-Strategie mit der Bezeichnung *First A First B* charakterisiert werden, also die zuerst eingelagerten Artikel werden auch zuerst entnommen. Z. B. würde der Chronicle Consumption Mode für die Ereignisfolge $a_1, a_2, b_1, a_3, b_2, a_4, a_5, b_3, b_4, b_5$ die Lösungspaare $\{a_1, b_1\}$, $\{a_2, b_2\}$, $\{a_3, b_3\}$, $\{a_4, b_4\}$, $\{a_5, b_5\}$ liefern. Wird der Chronicle Consumption Mode so abgeändert, dass ein später gestarteter Mustererkenner beim Löschen der Detektor-Ereignisse den Vorrang erhält, so kann man die Lagerhaltung nach dem Stack-Prinzip abbilden (Abb. 4.12). Dies bedeutet, dass die Artikel auf einen *Stapel* (engl. *stack*) gelegt werden, und es wird nach der Strategie *Last In First Out* (*LIFO*) immer der oberste Artikel entnommen. Nach dem abgeänderten Consumption Mode würde sich für die oben dargestellte Ereignisfolge die Lösungsmenge $\{a_2, b_1\}$, $\{a_3, b_2\}$, $\{a_5, b_3\}$, $\{a_4, b_4\}$, $\{a_1, b_5\}$ ergeben.

In der Praxis kommen noch andere Entnahmestrategien für ein Lager zum Einsatz, beispielsweise die chaotische Entnahme. Dies kann mit den vorgestellten Consumption Modes nicht modelliert werden. Man könnte dazu jedem Mustererkenner mit Hilfe einer Zufallszahl die Präferenz zuordnen.

4.2.5 Regular Consumption Mode

Im *Regular Consumption Mode*[1] wird jedes Initiator-Ereignis immer nur einmal verwendet, bis ein zugehöriges Detektor-Ereignis gefunden wird. Danach beginnt die Muster-Suche von

[1] Die Bezeichnung „Regular Consumption Mode“ wurde verwendet, da für diesen Mode noch keine Quelle mit einem Namen gefunden wurde. Diese Art des Konsumierens ist ähnlich dem Erkennen einer regulären Sprache durch einen endlichen Automaten.

Abb. 4.13 Beispiel Regular Consumption Mode

Ereignisstrom: $a_1, b_1, b_2, a_2, a_3, b_3, b_4$
Pattern: $A; B$
Consumption Mode: Regular
Lösungen: $\{a_1, b_1\}$, $\{a_2, b_3\}$.

Neuem (Abb. 4.13). Im Gegensatz zu den anderen hier vorgestellten Consumption Modes gibt es beim Regular Consumption Mode keine Überlappung bei den Lösungsinstanzen. *(Es gibt immer nur einen laufenden Mustererkenner. Das nächste Initiator-Ereignis startet den Mustererkenner, der so lange läuft, bis ein Detektor-Ereignis gefunden wird. Erst das folgende Initiator-Ereignis startet den Mustererkenner von Neuem.)*

Anwendungsbeispiel: Der Regular Consumption Mode könnte im Smart-Home-Beispiel in Abschn. 2.4 angewandt werden. Würde z. B. die Ereignisfolge `zu`$_1$`,18,auf`$_1$`, 17, 15,auf`$_2$`, 12, 11, 9, 8, ...` (hier in einer Kurzschreibweise dargestellt als Folge von Sensorwerten) bei der CEP Engine eintreffen, so würde gemäß dem Regular Consumption Mode als erstes die Lösung {`auf`$_1$, `9` } gefunden werden, die sofort eine Reaktion auslösen würde. Der Mustererkennungsprozess sollte dann abgebrochen werden, denn es ist nicht sinnvoll, weitere Lösungen zu suchen. Die gefundene Lösung drückt aus, dass nachdem das erste Mal gemeldet wurde, dass das Fenster auf ist (`auf`$_1$), der Wert `9` als erster Abfall auf eine Temperatur unter `10` registriert wurde, und dass dazwischen keine Meldung `zu`$_2$ eingetroffen ist.

Bei diesem Smart-Home-Beispiel muss beachtet werden, dass das zu erkennende Ereignismuster nicht eine einfache binäre Sequenz der Form A; B ist, sondern eine binäre Sequenz der Form A; $\neg C$; B mit einer zusätzlichen Negation dazwischen. Dies erfordert erweiterte Konzepte der Consumption Modes, denn es muss berücksichtigt werden, dass ein Initiator-Ereignis des Typs A verworfen werden muss, sobald ein Ereignis vom Typ C vor dem nächsten Ereignis des Typs B eintritt. Eine solche Situation gibt es bei der einfachen binären Sequenz nicht.

4.2.6 Recent-Unique Consumption Mode

Der *Recent-Unique Consumption Mode* (Elkhalifa 2004) kann als eingeschränkte Version des Recent Consumption Mode aufgefasst werden, da er ebenfalls nur das jüngste Initiator-Ereignis berücksichtigt, jedoch verwendet er genauso wie der Regular Consumption Mode jedes Detektor-Ereignis nur einmal (Abb. 4.14). *(Es gibt immer nur einen laufenden Mustererkenner. Er wird für jedes Initiator-Ereignis neu gestartet. Findet er ein Detektor-Ereignis, so liefert er eine Lösung. Danach startet er erst wieder mit dem nächsten Initiator-Ereignis.)*

Abb. 4.14 Beispiel Recent-Unique Consumption Mode

Ereignisstrom: $a_1, b_1, b_2, a_2, a_3, b_3$
Pattern: $A; B$
Consumption Mode: Recent-Unique
Lösungen: $\{a_1, b_1\}$, $\{a_3, b_3\}$.

Anwendungsbeispiel: Mit dem Recent-Unique Consumption Mode können Peaks (lokale Maxima) in dem Verlauf eines Aktienkurses erkannt werden. Dazu muss man den eintreffenden StockTick-Ereignissen jeweils den Ereignistyp A zuordnen, wenn der Aktienkurs ansteigt, und B, wenn er abfällt. Dann würden in der Folge $a_1, b_1, b_2, a_2, a_3, b_3$ die beiden Peaks $\{a_1, b_1\}$, $\{a_3, b_3\}$ erkannt werden. Bei Gleichheit sollte man den Typ N (neutral) vergeben. Soll Gleichheit bei einem Peak ausgeschlossen sein, dann kann man dies mit einer Negation der Form $A; \neg N; B$ erreichen (siehe Abschn. 5.4.4).

4.2.7 Cumulative Consumption Mode

Jeder der bisher vorgestellten Consumption Modes liefert eine Menge von Lösungen für die zweistellige Sequenz, also eine Teilmenge der Lösungsmenge des Unrestricted Consumption Modes. Manchmal will man die Menge der Lösungen in einer strukturierten und kompakten Form erzeugen. Ein solcher Consumption Mode ist der *Cumulative Consumption Mode*. Im Cumulative Consumption Mode werden alle Initiator-Ereignisse solange aufgesammelt, bis ein Detektor-Ereignis eintritt. Mit dem nächsten Initiator-Ereignis startet der Mustererkenner von Neuem (Abb. 4.15).

Der Sinn des Cumulative Consumption Modes liegt darin, dass alle atomaren Ereignisse eines Typs mit gleicher Position für ein Ereignismuster als Gruppe erhalten werden sollen. Ein einfaches Anwendungsbeispiel wurde in Abschn. 4.2.3 beschrieben.

4.2.8 Weitere Consumption Modes

Neben den in den vorigen Abschnitten beschriebenen Consumption Modes sind noch viele andere Consumption Modes möglich.

Abb. 4.15 Beispiel Cumulative Consumption Mode

Ereignisstrom: $a_1, b_1, b_2, a_2, a_3, b_3$
Pattern: $A; B$
Consumption Mode: Cumulative
Lösungen: $\{a_1, b_1\}$, $\{a_2, a_3, b_3\}$.

Ein bisher nicht behandelter Consumption Mode wird z. B. in Esper mit dem Ausdruck `pattern[A > every B]` beschrieben (siehe Abschn. 4.4). Dieser Consumption Mode berücksichtigt nur das erste Initiator-Ereignis und liefert alle damit möglichen Lösungen.

Es gibt auch die Möglichkeit, die Anzahl der zu berücksichtigenden Initiator- bzw. Detektor-Ereignisse durch eine feste Zahl vorzugeben oder durch eine Maximalzahl zu begrenzen. Ebenso kann man für die Anzahl der Instanzen der Komponenten eines Ereignismusters Grenzen bzw. Werte vorgeben.

4.3 Event Instance Selection und Event Instance Consumption

In Abschn. 4.2 wurden die bekanntesten Event Consumption Modes am einfachen Fall der zweistelligen Sequenz vorgestellt. Für n-stellige Sequenzen ($n \geq 3$) sind die Abläufe der Mustererkenner komplizierter. In diesem Abschnitt wird ein allgemeiner Ansatz für die Auswahl und Wiederverwendung geeigneter atomarer Ereignisse oder Teilkomponenten eines gesuchten Ereignismusters vorgestellt, der auf beliebige komplexe Ereignisse anwendbar ist.

Event Consumption Modes beinhalten zwei Mechanismen für die Auswahl von Ereignisinstanzen: Die *Event Instance Selection* entscheidet, welche Ereignisse für die Suche nach einer Instanz eines komplexen Ereignisses ausgewählt werden, und die *Event Instance Consumption* legt fest, ob ein Ereignis, das als Teilereignis einer Lösungsinstanz identifiziert wurde, für weitere Instanzen wiederverwendet werden soll.

Um möglichst alle sinnvollen Auswahlstrategien realisieren zu können, wurde in (Zimmer und Unland 1999) ein allgemeiner formaler Rahmen für Event Processing Languages vorgestellt, bei dem die Event Instance Selection und die Event Instance Consumption voneinander getrennt spezifiziert werden. Dieses Konzept ist auf die Erkennung beliebiger komplexer Ereignisse ausgerichtet und ist insbesondere in der Lage, auch simultane Ereignisse zu berücksichtigen. Wir wollen dieses Modell vorstellen und die Prinzipien anhand der dreistelligen Sequenz *A;B;C* demonstrieren.

Der Sequenzoperator wird üblicherweise linksassoziativ behandelt, das bedeutet, dass *A;B;C* äquivalent zu dem Ausdruck $(A;\ B);\ C$ ist (vgl. Abschn. 5.4.1). Die Linksassoziativität wird auch in der Mathematik z. B. für die Subtraktion angewandt, beispielsweise ist $8 - 3 - 1 = 4$.

Als Beispiel soll der Ereignisstrom von Abb. 4.16 dienen, wobei x_i immer ein Ereignis des Typs X ist, $X \in \{A, B, C\}$. Wir setzen hier der Einfachheit halber voraus, dass A, B, C atomare Ereignistypen sind. Die Beispielfolge ist nach Zeitstempel geordnet, wobei a_1 das früheste Ereignis ist und c_1 das späteste Ereignis. Das Beispiel stammt aus (Zimmer und Unland 1999).

Ereignisstrom: $a_1, b_1, a_2, b_2, b_3, a_3, c_1$

Abb. 4.16 Beispiel eines Ereignisstroms für die Sequenz *A;B;C*

Gibt man keine Einschränkung vor, so hat der Ereignisstrom des Beispiels die folgenden Lösungsinstanzen für das Muster *A;B;C*:

$$\{a_1, b_1, c_1\}, \{a_1, b_2, c_1\}, \{a_1, b_3, c_1\}, \{a_2, b_2, c_1\}, \{a_2, b_3, c_1\}.$$

Bei der dreistelligen Sequenz *A;B;C* sind Ereignisse des Typs *A* *Initiator-Ereignisse*, die jeweils einen Mustererkenner starten können. Ereignisse des Typs *C* sind potentielle *Detektor-Ereignisse* mit denen die Erkennung einer Musterinstanz erfolgreich abgeschlossen wird.

Für die Event Instance Selection werden die Modifikatoren *first, last, cumul, ext-cumul* verwendet. Ist eine Komponente eines komplexen Ereignismusters mit *first* in der Form *first:A* gekennzeichnet, so wird immer nur das erste Auftreten eines Ereignisses dieses Typs für die Bildung von Ereignismusterinstanzen verwendet. Insbesondere wird nur das älteste Initiator-Ereignis berücksichtigt. Gegenteilig wirkt sich die Kennzeichnung *last:A* aus, die bewirkt, dass immer nur das jüngste Ereignis dieses Typs ausgewählt wird. Die Modifikatoren *cumul* und *ext-cumul* werden verwendet, wenn die Instanzen einer Komponente eines Ereignismusters aufgesammelt werden sollen, wobei durch *cumul* nur bis zur nächsten Ereignismuster-Komponente kumuliert wird, durch *ext-cumul* wird bis zum Detektor-Ereignis alles aufgesammelt.

Die in Abb. 4.17 aufgeführten Beispiele machen die Wirksamkeit der Modifikatoren für die Event Instance Selection bei der Erkennung des dreistelligen Sequenz-Musters *A*; *B*; *C* deutlich. Sie beziehen sich auf denselben Beispielstrom wie der in Abb. 4.16 dargestellte.

Abb. 4.17 Beispiele für die Event-Instance-Selection-Operatoren

Ereignisstrom: $a_1, b_1, a_2, b_2, b_3, a_3, c_1$

(a) **Pattern:** *first:A; last:B; C*
Lösung: $\{a_1, b_3, c_1\}$.

(b) **Pattern:** *last:A; first:B; C*
Lösung: $\{a_2, b_2, c_1\}$.

(c) **Pattern:** *last:A; last:B; C*
Lösung: $\{a_2, b_3, c_1\}$.

(d) **Pattern:** *cumul:A; last:B; C*
Lösung: $\{a_1, a_2, b_3, c_1\}$.

(e) **Pattern:** *ext-cumul:A; last:B; C*
Lösung: $\{a_1, a_2, b_3, a_3, c_1\}$.

Interessant sind Situationen wie z. B. im Pattern (c), in denen das letzte A-Ereignis, das für eine Lösungsinstanz in Frage kommt, nicht das letzte A-Ereignis vor dem Detektor-Ereignis ist. Das bedeutet, dass man evtl. mehrere parallel ablaufende sequenzielle Mustererkenner nach dem Prinzip der Abb. 4.5 benötigt. Hat man nämlich den ersten Teil a_2, b_3 schon erkannt und liest dann das a_3, dann weiß man nicht, ob man den ersten Versuch a_2, b_3 abbrechen soll oder zu Ende führen muss, wie es bei dem angegebenen Beispielstrom für die Lösungsinstanz $\{a_2, b_3, c_1\}$ erforderlich ist. Diese Entscheidung hängt davon ab, was anschließend kommt. Wenn zwischen a_3 und c_1 noch ein b_4 einträfe, müsste der Anfangsteil a_2, b_3 verworfen werden, da dann die richtige Lösung $\{a_3, b_4, c_1\}$ wäre.

Würde in dem Ereignisstrom der Abb. 4.17 nach dem c_1 noch ein weiteres Detektor-Ereignis c_2 folgen, so gäbe es für c_2 jeweils eine weitere Lösung nach demselben durch die Beispiele veranschaulichten Prinzip.

Die Event Instance Consumption wird mit den Modifikatoren *shared, exclusive, ext-exclusive* festgelegt. Der Modifikator *shared* bewirkt, dass eine Instanz einer solchermaßen gekennzeichneten Komponente eines Ereignismusters beliebig oft für weitere Lösungen verwendet werden kann. *exclusive* bedeutet, dass die aktuelle Komponenten-Instanz nur einmal verwendet werden darf. Ist eine Komponente mit *ext-exclusive* modifiziert, dann dürfen alle Instanzen dieser Komponente, die im selben Wirkungsbereich eines Detektor-Ereignisses vorkommen, nur für dieses Detektor-Ereignis verwendet werden.

Falls das Detektor-Ereignis mit *shared* gekennzeichnet ist, gibt es noch für die Komponenten davor die Modifikatoren *comb* (combinations) und *comb-min* (combinations minimum) für die beliebig oftmalige bzw. minimal nötige Verwendung von Ereignis-Instanzen.

Die Verwendung von Komponenten-Instanzen durch unterschiedliche Detektor-Ereignisse wird durch die Modifikatoren *in* (inside) und *out* (outside) geregelt. Soll eine Komponenten-Instanz nur für ein Detektor-Ereignis verwendet werden, so wird die Ereignis-Komponente mit *in* gekennzeichnet, soll sie für alle Detektor-Ereignisse verwendet werden, so verwendet man den Modifikator *out*.

Abb. 4.18 zeigt drei Beispiele für das Ereignismuster der dreistelligen Sequenz $A; B; C$, die sich nur in der Modifikation der ersten Komponente A unterscheiden. Dies wirkt sich jeweils in der dritten Lösung aus. Für weitere Beispiele verweisen wir auf (Zimmer und Unland 1999).

Jedes b_i $(i = 1, 2, 3)$ kann wegen des Modifikators *first:exclusive* in allen drei Fällen nur einmal verwendet werden. Wenn ein b_i als erstes B-Ereignis verwendet wurde, wird es konsumiert (wegen *exclusive*), sodass das nächste B-Ereignis dann das erste *(first)* ist. Jedes C-Ereignis kann für jede Ereignismusterinstanz, die aufgrund der Beschränkungen der Vorgänger-Ereignisse möglich ist, uneingeschränkt verwendet werden *(shared)*.

Weil a_1 das erste A-Ereignis ist, muss es in (a) für jedes Detektor-Ereignis wiederverwendet werden, insbesondere auch außerhalb des Wirkungsbereichs des ersten Detektor-Ereignisses c_1, weil es uneingeschränkt als *shared* gekennzeichnet ist.

In (b) kann a_1 wegen des Modifikators *out exclusive* nur für das Detektor-Ereignis c_1 verwendet werden. Das *out exclusive* bezieht sich nur auf a_1. Das andere A-Ereignis a_2,

Ereignisstrom: $a_1, a_2, b_1, a_3, b_2, c_1, a_4, b_3, c_2$

(a) **Pattern:** *first:shared:A; first:exclusive:B; shared:C*
Lösungen: $\{a_1, b_1, c_1\}$, $\{a_1, b_2, c_1\}$, $\{a_1, b_3, c_2\}$.
(b) **Pattern:**
first:in shared:out exclusive:A; first:exclusive:B; shared:C
Lösungen: $\{a_1, b_1, c_1\}$, $\{a_1, b_2, c_1\}$, $\{a_2, b_3, c_2\}$.
(c) **Pattern:**
first:in shared:out ext-exclusive:A; first:exclusive:B; shared:C
Lösungen: $\{a_1, b_1, c_1\}$, $\{a_1, b_2, c_1\}$, $\{a_4, b_3, c_2\}$.

Abb. 4.18 Beispiel für die Kombination Event Instance Selection und Event Instance Consumption

das ebenfalls im Wirkungsbereich von c_1 liegt, kann für das zweite Detektor-Ereignis c_2 verwendet werden. Weil dann alle B-Ereignisse verbraucht sind, kommen a_3 und a_4 nicht mehr zum Einsatz.

Die Modifikation von a_1 als *out ext-exclusive* in (c) bewirkt, dass alle A-Ereignisse des Wirkungsbereichs con c_1 außerhalb dieses Wirkungsbereichs nicht mehr verwendet werden dürfen.

Es gibt weitere Ansätze für die Spezifikation von Event Instance Selection und Event Instance Consumption. Insbesondere sollen hier die Event Specification Language TESLA, die in (Cugola und Margara 2010) beschrieben ist, sowie das Konzept von (Etzion und Niblett 2010) erwähnt werden.

4.4 Event Consumption Modes in Esper

Entsprechend der Vielfalt von Event Processing Languages (EPL) gibt es unterschiedliche Ausdrucksmöglichkeiten für die Anwendung eines Consumption Modes bei der Suche nach Instanzen eines Ereignismusters. Stellvertretend soll hier die Realisierung von Consumption Modes in der Open-Source-Software Esper (EsperReference 2016) vorgestellt werden.

In Esper werden Consumption Modes mit Hilfe des sogenannten *every-Operators* realisiert. Abb. 4.19 (in Anlehnung an EsperTechPat 2019) zeigt verschiedene Anfragen für ein Sequenz-Muster im Esper-Formalismus.

In dem Ereignisstrom der Abb. 4.19 kommen atomare Ereignisse der Typen A, B, C vor, jeweils mit dem entsprechenden Kleinbuchstaben mit einem Index bezeichnet. Der Index spiegelt die zeitliche Reihenfolge wider. Ist der Typ eines eintreffenden atomaren Ereignisses für das angefragte Muster nicht relevant, so wird es überlesen. Der Sequenz-Operator wird in Esper mit dem Pfeil `->` dargestellt.

Mit der unterschiedlichen Stellung des every-Operators können unterschiedliche Auswahlmechanismen realisiert werden. Falls mehrere Ereignismusterinstanzen vorkommen, legt das Schlüsselwort `every` für einen Ereignistyp fest, ob nur das erste Auftreten eines

Ereignisstrom: $a_1, b_1, c_1, b_2, a_2, c_2, a_3, b_3, a_4, c_3, b_4$

```
pattern[every A -> B]
```
$\{a_1, b_1\}$, $\{a_2, b_3\}$, $\{a_3, b_3\}$, $\{a_4, b_4\}$.
Consumption Mode: **Continuous**

```
pattern[A -> every B]
```
$\{a_1, b_1\}$, $\{a_1, b_2\}$, $\{a_1, b_3\}$, $\{a_1, b_4\}$.
Consumption Mode: **noch ohne Namen**
(Es gibt immer nur einen laufenden Mustererkenner. Er wird mit dem ersten Initiator-Ereignis gestartet und liefert für jedes zugehörige Detektor-Ereignis eine Lösung.)

```
pattern[every A -> every B]
```
$\{a_1, b_1\}$, $\{a_1, b_2\}$, $\{a_1, b_3\}$, $\{a_2, b_3\}$, $\{a_3, b_3\}$,
$\{a_1, b_4\}$, $\{a_2, b_4\}$, $\{a_3, b_4\}$, $\{a_4, b_4\}$.
Consumption Mode: **Unrestricted**

```
pattern[every (A -> B)]
```
$\{a_1, b_1\}$, $\{a_2, b_3\}$, $\{a_4, b_4\}$.
Consumption Mode: **Regular**

```
pattern[A -> B]
```
$\{a_1, b_1\}$.
Consumption Mode: **Ohne Namen**

Abb. 4.19 Sequenz-Beispiele in Esper mit zugehörigem Consumption Mode

atomaren Ereignisses dieses Typs (ohne `every`) oder alle zugehörigen atomaren Ereignisse berücksichtigt werden (mit `every`). Eine solche Auswahl von atomaren Ereignissen entspricht der in Abschn. 4.3 beschriebenen Event Instance Selection. Der every-Operator kann auch auf ein Muster eines komplexen Ereignisses angewandt werden wie bei `every (A -> B)`.

Wird kein every-Operator verwendet, wird immer das erste Vorkommen einer Ereignismusterinstanz ausgewählt, falls es mindestens eine solche Instanz gibt.

4.5 Kombination von Fenster-Techniken und Event Consumption Modes

Sliding Windows sind unabhängig von der Art der Ereignisse, dagegen sind inhaltliche Zusammenhänge von Ereignissen die Basis der Event Consumption Modes. Beide Auswahlkonzepte können getrennt angewandt werden und decken dabei unterschiedliche Bedürfnisse ab. Für viele Zwecke ist es sinnvoll, beide Strategien gleichzeitig einzusetzen. Wird eine Fenster-Technik verwendet, so sollte üblicherweise die Fensterlänge nicht zu klein gewählt werden, da ansonsten die Gefahr besteht, wichtige Ereignismusterinstanzen zu übersehen. Dies hat aber zur Folge, dass dann mehrere Musterinstanzen pro Fenster auftreten können, für die dann eine Auswahlstrategie festgelegt werden muss. Eine genauere Beschreibung der Kombination von Fenster-Techniken und Event Consumption Modes und was dies bewirkt findet man in (Adaikkalavan und Chakravarthy 2011).

Literatur

Adaikkalavan, R., & Chakravarthy, S. (2011). Seamless event and data stream processing: Reconciling windows and consumption modes. In: *Proceedings of the 16th International Conference on Database Systems for Advanced Applications – Volume Part I*, DASFAA'11, (S. 341–356). Berlin, Heidelberg: Springer.

Bruns, R., & Dunkel, J. (2010). *Event-Driven Architecture – Softwarearchitektur für ereignisgesteuerte Geschäftsprozesse*. Berlin, Heidelberg: Springer.

Cugola G., & Margara, A. (2010). TESLA: A formally defined event specification language. In: *Proceedings of the Fourth ACM International Conference on Distributed Event-Based Systems*, (S. 50–61). ACM.

Cugola, G., & Margara, A. (2012). Processing flows of information: From data stream to complex event processing. *ACM Computing Surveys*, *44*(3), 15.

Eckert, M. (2008). *Complex Event Processing with XChangeEQ: Language design, formal semantics, and incremental evaluation for querying events*. Doktorarbeit, Universität München.

Elkhalifa L. (2004). *InfoFilter: Complex pattern specification and detection over text streams*. Master's thesis, The University of Texas at Arlington.

EsperReference. (2016). http://www.espertech.com/esper/release-5.5.0/esper-reference/html/index.html. Zugegriffen: 18. Febr. 2020.

EsperTechPat. (2019). Homepage. http://esper.espertech.com/release-5.5.0/esper-reference/html/event_patterns.html. Zugegriffen: 8. Nov. 2019.

Etzion, O., & Niblett, P. (2010). *Event processing in action* (1. Aufl.). Greenwich: Manning Publications Co.

Hirzel, M. (2012). Partition and compose: Parallel complex event processing. In: *Proceedings of the 6th ACM International Conference on Distributed Event-Based Systems*, DEBS '12, (S. 191–200). New York: ACM.

Mendes, M. R. N., Bizarro P., & Marques P. (2009). A performance study of event processing systems. In R. Nambiar & M. Poess (Hrsg.), *Performance evaluation and benchmarking. TPCTC 2009. Lecture Notes in Computer Science* (Bd. 5895). Berlin, Heidelberg: Springer.

Patroumpas, K., & Sellis, T. K. (2006). Window specification over data streams. In: T. Grust, H. Höpfner, A. Illarramendi, S. Jablonski, M. Mesiti, S. Müller, P.-L. Patranjan, K.-U. Sattler, M. Spiliopoulou, & J. Wijsen, (Hrsg.), *EDBT Workshops*, Bd. 4254 d. Reihe *Lecture Notes in Computer Science*, (S. 445–464). Berlin: Springer.

Zimmer, D., & Unland, R. (1999). On the semantics of complex events in active database management systems. In: M. Kitsuregawa, M. P. Papazoglou, & C. Pu (Hrsg.), *Proceedings of the 15th International Conference on Data Engineering, Sydney, Austrialia, March 23-26, 1999*, (S. 392–399). IEEE Computer Society.

Ereignismuster 5

In diesem Kapitel werden einfache und fortgeschrittene Ereignismuster vorgestellt. Dabei beschränken wir uns zunächst auf Muster mit einem Operator, der auf atomare Ereignisse, die durch einen Typ und einen Zeitstempel charakterisiert sind, angewandt wird. Muster von komplexen Ereignissen mit mehr als einem Operator werden da, wo es nötig ist, kurz behandelt. In Abschn. 5.4 folgt eine ausführlichere Diskussion dieser Problematik.

Wir lassen zu, dass in einem Zeitpunkt zwei oder mehr atomare Ereignisse gleichzeitig eintreten. Gleichzeitig eintretende Ereignisse heißen *simultane Ereignisse.* Die Behandlung simultaner Ereignisse muss immer genau festgelegt werden.

Die folgenden Beispiele machen die Vielfalt möglicher Korrelationen zwischen Ereignissen deutlich. Dabei seien e_i $(i = 1, 2, 3)$ Ereignisse.

Logikbasiert

$e_1 \wedge e_2$ (Konjunktion) *Beide Ereignisse e_1 und e_2 sind eingetreten.*
Ein Beispiel ist der Zusammenbau zweier Teile an einer Bearbeitungsstation, der begonnen wird, sobald beide Teile angekommen sind.

$e_1 \vee e_2$ (Disjunktion) *Nur e_1 ist eingetreten oder nur e_2 oder beide Ereignisse sind eingetreten.*
Eine solche Situation entsteht beispielsweise, wenn das Ausliefern einer Ware erfolgen soll, falls eine Bestellung schriftlich oder per Mail oder in beiden Formen eingegangen ist. Das Symbol $\vee$ repräsentiert das inklusive Oder, das im Allgemeinen schwierig zu handhaben ist.

$\neg e_1$ (Negation) *Ein Ereignis e_1 darf in einem definierten Ausschnitt eines Ereignisstroms nicht eintreten.*
Wird beispielsweise bei der Überwachung eines Patienten festgestellt, dass der Patient innerhalb eines kritischen Zeitraums das vorgeschriebene Medikament nicht eingenommen hat, so muss sofort reagiert werden.

U. Hedtstück, *Complex Event Processing,*
https://doi.org/10.1007/978-3-662-61576-8_5

$e_1 \rightarrow e_2$ **(Implikation)** *Wenn e_1 eingetreten ist, dann ist e_2 ebenfalls eingetreten.*
Die zeitliche Reihenfolge spielt bei der logischen Implikation keine Rolle, d. h. e_2 kann vor oder nach oder gleichzeitig mit e_1 eintreten.
Auch die Implikation muss sich immer auf ein festgelegtes Auswertungsfenster beziehen. Dies erkennt man daran, dass der logische Ausdruck $e_1 \rightarrow e_2$ äquivalent ist zu $\neg e_1 \vee e_2$. Diese Äuquivalenz macht deutlich, dass die Implikation beim Complex Event Processing selten verwendet wird, da das inklusive Oder relativ viel Aufwand erfordert.

Zeitbasiert

e_1 vor e_2 *Beschreibung der zeitlichen Abfolge.*
Z. B. ist es in vielen Fällen üblich, dass ein Kunde zuerst bezahlen muss, bevor er die Ware bekommt.

e_1 gleichzeitig mit e_2 *Zwei simultane Ereignisse.*
Dies kann vorkommen, wenn z. B. genau in dem Zeitpunkt, in dem ein Bedienungsende-Ereignis einer Bearbeitungsstation stattfindet, die Bearbeitungsstation durch einen Defekt ausfällt.

Relationenbasiert

$e_1 \wedge e_2$ **und** ***Gewinn(e_1) > Gewinn(e_2)*** *Die Gewinnmarge von e_1 ist größer als die Gewinnmarge von e_2.*
Erhöht sich z. B. bei zwei für einen Verkauf interessante Aktien der Kurs, so wird die Aktie mit dem höheren Gewinn verkauft.

Kontextbasiert

e_1 **und** ***WSLänge(X) = MAX*** *Das Ereignis e_1 ist eingetreten und die Warteschlange an X ist schon maximal gefüllt.*
Ein Beispiel ist die Blockadesituation an beschränkten Puffern. Die Blockade tritt ein, wenn beim Bedienungsende-Ereignis an der Vorgängerstation die Kapazität der Warteschlange an der Nachfolgerstation ausgeschöpft ist und kein weiteres Objekt mehr aufnehmen kann.

5.1 Kernoperatoren

Jede *Ereignisanfragesprache* (engl. *Event Query Language, EQL*), auch *Event Pattern Language* oder *Event Processing Language* genannt (beides mit *EPL* abgekürzt), beinhaltet den zeitbezogenen *Sequenz*-Operator sowie die logischen Operatoren *Konjunktion, Disjunktion* und *Negation.* Diese Operatoren werden unter dem Begriff *Kernoperatoren* zusammengefasst, die im Folgenden beschrieben werden (siehe z. B. (Eckert 2008)).

Wir verwenden Beispiele von Ereignisfolgen in der Darstellung $e_1, e_2, e_3, \ldots, e_n$. Dabei sind $e_i,\ i = 1, \ldots, n$, atomare Ereignisobjekte, die wir auch Ereignisinstanz nennen oder auch kurz Ereignis. Das zeitlich gesehen erste Ereignis ist e_1, dann kommt e_2 usw., e_n ist das letzte Ereignis in der Folge. In Abschn. 5.4 werden wir auch Folgen von komplexen Ereignissen betrachten. Als Bezeichner für Ereignistypen verwenden wir die Großbuchstaben $A, B, C, \ldots$. Um darzustellen, dass ein Ereignis e_i z. B. vom Typ A ist, verwenden wir die Bezeichnung a_i.

Beispielsweise besteht die Ereignisfolge a_1, b_1, a_2, d_1 aus den Ereignissen a_1 vom Typ A, b_1 vom Typ B, a_2 vom Typ A, d_1 vom Typ D.

Für die Operatoren Sequenz, Konjunktion, Disjunktion und Negation verwenden wir die in Tab. 5.1 dargestellten Symbole.

Eine logische Implikation wird selten verwendet, sie wird üblicherweise mit Hilfe des Sequenz-Operators auf eine temporale Reihenfolgenbeziehung eingeschränkt.

Um die Maschinenlesbarkeit zu erleichtern werden oftmals die Wörter „and" anstatt des Zeichens $\wedge$ und „or" anstatt des Zeichens $\vee$ verwendet. Der Sequenz-Operator wird in Anlehnung an das in der Logik verwendete Pfeilsymbol für die Implikation manchmal mit einem Pfeil $\rightarrow$ oder -> bezeichnet (z. B. in Esper). Da wir hier die Sequenz allgemeiner als Abfolge bezüglich einer linearen Ordnung interpretieren (meistens die zeitliche Reihenfolge), verwenden wir hier das Semikolon, vergleichbar dem Sequenz-Operator in Programmiersprachen.

Manche Ereignisanfragesprachen verwenden für die Kernoperatoren die Präfixnotation wie z. B. *seq(A,B), and(A,B), or(A,B)* und *not A*.

Die Ereignismuster-Operatoren werden in der Regel auf Ereignistypen angewendet. Z. B. bedeutet $A; B$, dass ein Ereignis des Typs A eintritt und anschließend ein Ereignis des Typs B. Eine Instanz (oder Lösung) dieses Sequenz-Musters wäre z. B. $\{a_1, b_1\}$. Diese Schreibweise wird auch im Folgenden verwendet.

5.2 Muster von atomaren Ereignissen auf Basis der Kernoperatoren

Wir werden zunächst als Spezialfall Muster von atomaren Ereignissen vorstellen, da hierbei durch die Zeitstempel eine klare zeitbezogene Semantik gegeben ist. Wendet man die Operatoren für Ereignismuster verschachtelt an, so müssen die Auswirkungen auf Muster von komplexen Ereignissen berücksichtigt werden. Muster von komplexen Ereignissen sind das Thema von Abschn. 5.4.

Tab. 5.1 Kernoperatoren für Ereignismuster

Operator	Symbol
Sequenz	;
Konjunktion	$\wedge$
Disjunktion	$\vee$
Negation	$\neg$

5.2.1 Sequenz

Die Sequenz bezeichnet die Reihenfolge von Ereignissen bezüglich einer Ordnungsrelation. Für atomare Ereignisse setzen wir hier die durch die Zeitpunkte gegebene Ordnungsrelation $\leq$ voraus. Oftmals wird mit Hilfe der Sequenz eine zeitbezogene Kausalität abgebildet.

Beim CEP spielen auch andere Ordnungsrelationen eine Rolle. Ein typisches Beispiel ist die räumliche Nähe. Dann würde man eher das allgemeine Symbol $\ll$ verwenden, um mit dem Ausdruck $A \ll B$ auszudrücken, dass ein Ereignis vom Typ B in einer räumlichen Dimension hinter einem Ereignis vom Typ A stattfindet.

Üblicherweise dürfen zwischen den atomaren Ereignissen, die eine Instanz eines gesuchten Musters darstellen, weitere atomare Ereignisse stattfinden. Ist z. B. in der Ereignisfolge $a_1, b_1, a_2, c_1, b_2, c_2, b_3$ das Muster $B; C$ gesucht, dann gäbe es die drei Lösungen $\{b_1, c_1\}$, $\{b_1, c_2\}$ und $\{b_2, c_2\}$. Falls zwischen den relevanten atomaren Ereignissen keine weiteren atomaren Ereignisse stattfinden dürften, wäre $\{b_2, c_2\}$ die einzige Lösung.

Der Sequenz-Operator kann auch n-stellig sein mit $n \geq 3$ wie beispielsweise $B; A; C$. In diesem Fall wird nach einer Abfolge von drei Ereignisinstanzen gefragt. Die n-stellige Verwendung von Operatoren ist zu unterscheiden von verschachtelten Anwendungen des 2-stelligen Operators. So ist mit $B; A; C$ etwas anderes gemeint wie mit $B; (A; C)$. Der zweite Fall ist eine Abfolge des atomaren Ereignisses vom Typ B und des anschließenden komplexen Musters $(A; C)$ (siehe Abschn. 5.4).

Mit der Wahl eines geeigneten Consumption Modes oder eines Sliding Windows können auch bei der n-stelligen Sequenz ($n \geq 3$) unterschiedliche Auswahlen von interessierenden Lösungen von Ereignismustern realisiert werden. Wir zeigen in Abb. 5.1 beispielhaft die Lösungen für die ternäre Sequenz *B;C;B* gemäß Unrestricted und Chronicle Consumption Mode sowie einem Tumbling und einem Rolling Window.

5.2.2 Konjunktion

Sind zwei logische Formeln konjunktiv verknüpft, d. h. mit *und* (Symbol $\wedge$), so ist die zusammengesetzte Formel genau dann wahr, wenn beide Teilformeln wahr sind. Dies zeigt die Wahrheitstafel der logischen Konjunktion in Abb. 5.2.

Eine Konjunktion $A \wedge B$ bezogen auf Ereignistypen bedeutet, dass sowohl ein Ereignis des Typs A als auch ein Ereignis des Typs B eingetreten sein muss. Die Reihenfolge ist dabei beliebig. Anstatt des Zeichens $\wedge$ wird oftmals das Wort *and* verwendet.

In dem Beispiel der Abb. 5.3 werden alle passenden Paare als Lösung gewertet. In Abb. 5.4 werden nur disjunkte Paare berücksichtigt, d. h. ein atomares Ereignis darf nur einmal in einer Lösung vorkommen.

Ereignisstrom: $a_1, b_1, c_1, b_2, c_2, b_3, b_4, c_3, b_5, a_2$
Pattern: *B;C;B*
Lösungen gemäß Consumption Mode
Unrestricted: $\{b_1, c_1, b_2\}$, $\{b_1, c_1, b_3\}$, $\{b_1, c_1, b_4\}$, $\{b_1, c_1, b_5\}$, $\{b_1, c_2, b_3\}$, $\{b_1, c_2, b_4\}$, $\{b_1, c_2, b_5\}$, $\{b_1, c_3, b_5\}$, $\{b_2, c_2, b_3\}$, $\{b_2, c_2, b_4\}$, $\{b_2, c_2, b_5\}$, $\{b_2, c_3, b_5\}$, $\{b_3, c_3, b_5\}$, $\{b_4, c_3, b_5\}$.
Chronicle: $\{b_1, c_1, b_2\}$, $\{b_3, c_3, b_5\}$.
Lösungen mit Längenfenster der Länge 5
Tumbling (hop size 5):
Window 1: $\{b_1, c_1, b_2\}$,
Window 2: $\{b_3, c_3, b_5\}$, $\{b_4, c_3, b_5\}$.
Rolling (hop size 1):
Window 1: $\{b_1, c_1, b_2\}$,
Window 2: $\{b_1, c_1, b_3\}$, $\{b_1, c_2, b_3\}$, $\{b_2, c_2, b_3\}$,
Window 3: $\{b_2, c_2, b_4\}$,
Window 4: - *(keine neuen Instanzen)*
Window 5: $\{b_3, c_3, b_5\}$,$\{b_4, c_3, b_5\}$.
Window 6: - *(keine neuen Instanzen)*

Abb. 5.1 Unterschiedliche Auswahlen bei einer ternären Sequenz

Abb. 5.2 Wahrheitstafel für den logischen Operator *und*

α	β	$\alpha \wedge \beta$
W	W	W
W	F	F
F	W	F
F	F	F

und

Ereignisstrom: $c_1, a_1, b_1, b_2, a_2, c_2, a_3$
Pattern: $A \wedge B$
Consumption Mode: Unrestricted
Lösungen: $\{a_1, b_1\}$, $\{a_1, b_2\}$, $\{b_1, a_2\}$, $\{b_1, a_3\}$, $\{b_2, a_2\}$, $\{b_2, a_3\}$.

Abb. 5.3 Beispiel einer Konjunktion mit allen passenden Paaren als Lösung

Abb. 5.4 Beispiel einer Konjunktion mit disjunkten Paaren als Lösungen

Ereignisstrom: $c_1, a_1, b_1, b_2, a_2, c_2, a_3$
Pattern: $A \wedge B$
Consumption Mode: Chronicle/Regular
Lösungen: $\{a_1, b_1\}$, $\{b_2, a_2\}$.

5.2.3 Disjunktion

Die logische Disjunktion $\vee$ ist das *inklusive Oder* (lat. *vel*) im Gegensatz zum *exklusiven Oder,* das mit „entweder … oder" ausgedrückt wird. In Abb. 5.5 ist die Wahrheitstafel der Formel $\alpha \vee \beta$ dargestellt.

Abb. 5.5 Wahrheitstafel für den logischen Operator *oder*

α	β	$\alpha \vee \beta$
W	W	W
W	F	W
F	W	W
F	F	F

oder

Das Ereignismuster $A \vee B$ soll ausdrücken, dass ein Ereignis des Typs A eingetreten ist oder ein Ereignis des Typs B. Anstatt $\vee$ wird oftmals das Wort *or* verwendet.

Beispiele

- Ein Kunde muss per Telefon oder per Mail erreichbar sein.
  (Meist haben die Kunden sowohl Telefon als auch Internet.)
- Ein Bewerber wird kontaktiert, wenn er bis Ende der Woche per Mail oder per Fax seine Telefonnummer mitgeteilt hat.
  (Manche Bewerber machen zur Sicherheit beides.)

Bei der Behandlung einer Disjunktion $A \vee B$ wird beim CEP der Fall, dass sowohl ein Ereignis des Typs A eingetreten ist als auch ein Ereignis des Typs B, unterschiedlich gehandhabt.

a) Eine Möglichkeit besteht darin, dass wenn in einem gegebenen Zeit- bzw. Längenfenster das erste Vorkommen eines Ereignisses des Typs A oder ein Ereignis des Typs B eingetreten ist, dieses Ereignis zu melden und den Rest des Fensters zu ignorieren.
b) Eine andere Möglichkeit wäre, sämtliche auftretenden Einzelereignisse und Paare von Ereignissen der Typen A und B zu berücksichtigen. Diese Strategie, die dem Unrestricted Consumption Mode entspricht, wäre in den meisten Anwendungssituationen nicht erforderlich.

Abb. 5.6 Beispiel einer Disjunktion gemäß Interpretation (c)

Ereignisstrom: $a_1, c_1, a_2, b_1, c_2, b_2, b_3$
Pattern: $A \vee B$
Lösungen: $\{a_1, b_1\}$, $\{a_2, b_2\}$, $\{b_3\}$.

c) Eine dritte Möglichkeit besteht darin, immer möglichst disjunkte Paare als Lösung zu berücksichtigen, d. h. es werden, falls vorhanden, immer zwei Partner-Ereignisse zusammengefasst, bevor eine nächste Lösung herausgefiltert wird (Abb. 5.6).

5.2.4 Negation

Die Negation $\neg A$ (auch *not* A, $\sim A$ oder $!A$) drückt aus, dass kein Ereignis des Typs A eingetreten sein darf. Die Anwendung des Negationsoperators bezieht sich immer auf einen Ausschnitt des eingehenden nicht abbrechenden Stroms von Ereignissen. Für die Spezifikation dieses Ausschnitts gibt es zwei Möglichkeiten:

Fensterbasiert Innerhalb eines betrachteten Fensters darf ein Ereignis eines bestimmten Typs nicht eintreten.

Sequenzbasiert Innerhalb der Sequenz zweier Ereignisse mit vorgegebenem Typ darf ein Ereignis eines bestimmten Typs nicht eintreten.

Oftmals wird die sequenzbasierte Negation als ternäre Operation in der Form $A; \neg B; C$ verwendet. Dabei haben die Semikolons nicht direkt die Bedeutung des Sequenz-Operators, sondern dienen zur Darstellung der Grenzen der betrachteten Ereignisfolge. Das erste Ereignis einer Musterinstanz muss dabei vom Typ A sein, und das letzte Ereignis vom Typ C. Ein Ereignis vom Typ B darf in der betrachteten Ereignismenge nicht auftreten.

Beispiele

- Ein Kunde bezahlt nicht in einer vorgegebenen Zeit.
- Zwischen der Ankündigung eines Meetings und dem Vorabend des Meetings sind von einem Mitarbeiter die angeforderten Unterlagen nicht eingegangen.

Es gibt auch Formen der Negation, die teilweise fensterbasiert und teilweise sequenzbasiert sind. Z. B. bedeutet $\neg A; B$ „bis zum Eintreten eines Ereignisses vom Typ B darf kein Ereignis vom Typ A eingetreten sein“, wobei als zeitlich vordere Grenze der Anfangszeitpunkt eines zugrunde gelegten Fensters dient. Es gibt auch die Version $A; \neg B$ mit der Bedeutung „nach dem Eintreten eines Ereignisses vom Typ A darf kein Ereignis vom Typ B eintreten“ mit dem Endzeitpunkt des aktuellen Fensters als hintere Grenze.

5.3 Zeitsemantiken für komplexe Ereignisse

Bei einfachen Ereignismustern, die mit Hilfe der binären Kernoperatoren gebildet werden, kann die Einordnung der Ereignisinstanzen in den Zeitablauf direkt aus den Zeitstempeln der beteiligten atomaren Ereignisse hergeleitet werden. Bei Ereignismustern für allgemeine komplexe Ereignisse ist die zeitliche Einordnung der Ereignisinstanzen manchmal problematisch. Im Folgenden werden zunächst die grundlegenden zeitlichen Beziehungen von Zeitintervallen und Zeitpunkten beschrieben. Anschließend werden die Zeitpunkt-Semantik und die Zeitintervall-Semantik für komplexe Ereignisse vorgestellt und diskutiert.

5.3.1 Temporale Beziehungen zwischen Zeitpunkten und Zeitintervallen

Ein häufig verwendeter Ansatz für die Beschreibung der temporalen Beziehungen zwischen komplexen Ereignissen sind die binären temporalen Relationen zwischen Zeitintervallen, die von James F. Allen im Rahmen der sogenannten *Allenschen Zeitlogik* identifiziert wurden (Allen 1984). Eine Ergänzung dazu bilden die Relationen zwischen zwei Zeitpunkten und Relationen zwischen Zeitpunkten und Zeitintervallen (Liu et al. 2009). In Abb. 5.7 sind diese Relationen zusammengefasst.

Zu den von *equals* bzw. *gleichzeitig* verschiedenen Relationen gibt es jeweils noch die inverse Relation. Die inversen Varianten der Allen-Relationen *before, meets, overlaps, starts, finishes, during* heißen *after, metby, overlappedby, startedby, finishedby, contains.*

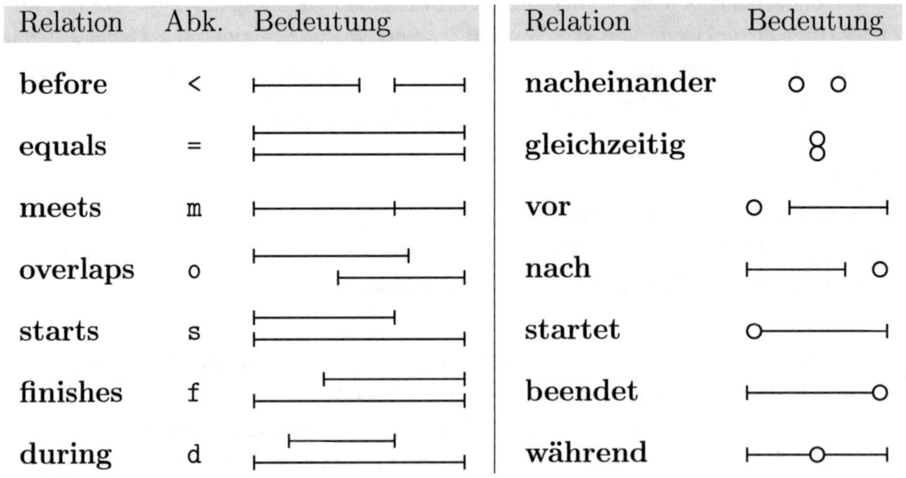

Relation	Abk.	Bedeutung	Relation	Bedeutung
before	<		**nacheinander**	
equals	=		**gleichzeitig**	
meets	m		**vor**	
overlaps	o		**nach**	
starts	s		**startet**	
finishes	f		**beendet**	
during	d		**während**	

Abb. 5.7 Temporale Beziehungen zwischen Zeitintervallen und Zeitpunkten

Für die temporalen Beziehungen zwischen Zeitpunkten untereinander bzw. zwischen Zeitpunkten und Zeitintervallen verwenden wir die Bezeichnungen aus Abb. 5.7. Gleichzeitig eintretende atomare Ereignisse werden auch *simultane* Ereignisse genannt. Die in (fig:temporaleRelationenLiu et al. 2009) angegebenen englischen Bezeichnungen *precedes/follows, instants-coincide, instant-before, instant-after, instant-begins, instant-ends, instant-during* sind sehr technisch, weshalb wir sie hier durch einfachere Begriffe ersetzt haben.

Beim Complex Event Processing kann man auf Zeitpunkte verzichten, wenn man statt eines Zeitpunkts t das Intervall $[t, t]$ verwendet.

Möchte man für je zwei komplexe Ereignisse, deren zeitliche Behandlung auf Zeitintervallen basiert, eine zeitliche Reihenfolge festlegen, so benötigt man eine Ordnungsrelation für Zeitintervalle, die dieselben Eigenschaften aufweist wie die Ordnungen „kleiner" bzw. „kleiner gleich" für Zahlen. Da eine solche Ordnung für Intervalle nicht so naheliegend ist wie bei Zahlen, sollen hier zunächst kurz die notwendigen mathematischen Grundlagen erklärt werden, bevor eine „kleiner gleich" -Ordnung für Zeitintervalle beschrieben wird.

Eine binäre Relation R auf einer Menge M heißt *Halbordnung* oder *partielle Ordnung,* wenn für beliebige $a, b, c \in M$ die in Tab. 5.2 beschriebenen Eigenschaften Reflexivität, Antisymmetrie und Transitivität gelten.

Ein typisches Beispiel ist die $\leq$-Relation auf Zahlen. Die $<$-Relation auf Zahlen ist nicht reflexiv, deshalb ist sie keine Halbordnung, sondern sie wird als *strikte* oder *strenge Ordnung,* auch als *Striktordnung* bezeichnet, die durch die Eigenschaften Asymmetrie und Transitivität festgelegt ist (Tab. 5.3).

Offensichtlich schließt die Asymmetrie die Reflexivität aus, denn es gelten die Äquivalenzen $aRa \rightarrow \neg(aRa)$ äq $\neg(aRa) \vee \neg(aRa)$ äq $\neg(aRa)$, die einen Widerspruch ergeben.

Sowohl für Halbordnungen als auch für Striktordnungen fordert man oft die Vergleichbarkeit für je zwei beliebige Elemente, die mit Hilfe der Linearitätseigenschaft ausgedrückt wird (Tab. 5.4). Die entsprechenden Ordnungen nennt man *lineare Halbordnung* bzw. *lineare Striktordnung.* Statt „linear" verwendet man oftmals auch das Adjektiv *total.*

Die $\leq$-Relation auf Zahlen ist eine lineare Halbordnung, und die $<$-Relation auf Zahlen ist eine lineare Striktordnung.

Tab. 5.2 Halbordnung

Reflexivität:	aRa
Antisymmetrie:	$aRb \wedge bRa \rightarrow a = b$
Transitivität:	$aRb \wedge bRc \rightarrow aRc$

Tab. 5.3 Striktordnung

Asymmetrie:	$aRb \rightarrow \neg(bRa)$
Transitivität:	$aRb \wedge bRc \rightarrow aRc$

Tab. 5.4 Linearität

Linearität:	$a \neq b \rightarrow aRb \vee bRa$

Auch die $\subseteq$-Relation auf Mengen ist eine Halbordnung und die $\subset$-Relation auf Mengen ist eine Striktordnung, aber diese beiden Relationen sind nicht linear. Z. B. gelten $\{a, b\} \subset \{a, b, c\}$ und $\{b, c\} \subset \{a, b, c\}$, die Teilmengen $\{a, b\}$ und $\{b, c\}$ sind jedoch nicht vergleichbar bezüglich der Relation $\subset$ (siehe Abb. 5.8).

Für die Menge der Zeitintervalle kann man die folgende lineare Halbordnung $\preceq$ definieren (siehe (Mühl et al. 2006)):

$$[t_1, t_2] \preceq [t_3, t_4] \ \textit{genau dann, wenn} \ (t_2 < t_4) \vee (t_2 = t_4 \wedge t_1 \leq t_3).$$

Die Reihenfolge von zwei verschiedenen Intervallen gemäß dieser linearen Halbordnung wird zunächst durch die Endpunkte der Intervalle bestimmt. Enden die beiden Intervalle im gleichen Zeitpunkt, dann wird das Intervall mit dem früheren Anfangszeitpunkt vor dem Intervall mit dem späteren Anfangszeitpunkt eingeordnet. Falls beide Intervalle gleich sind, ist die Auswahl beliebig. Die letztgenannte Eigenschaft hat zur Folge, dass das Asymmetriegesetz nicht gilt und $\preceq$ deshalb keine Striktordnung ist.

Gemäß der linearen Halbordnung $\preceq$ gilt z. B. die Reihenfolge `[2,5]` $\preceq$ `[3,5]`, es gilt aber nicht `[3,5]` $\preceq$ `[2,5]`.

In Abb. 5.9 wird für die Intervallrelationen nach Allen (ohne inverse Relationen) die Ordnung gemäß der linearen Halbordnung $\preceq$ dargestellt.

Es gibt Ansätze, Relationen zwischen Zeitintervallen und Zeitpunkten durch zusätzliche quantitative Bedingungen (quantitative constraints) zu ergänzen, beispielsweise um ausdrücken zu können, dass bei zwei Zeitinvervallen A und B, für die die Relation A *before* B gilt, der Startzeitpunkt von B mindestens 10 min nach dem Endzeitpunkt von A liegt. Ein solcher Ansatz wird in (Walzer et al. 2008) für regelbasierte CEP-Systeme vorgestellt.

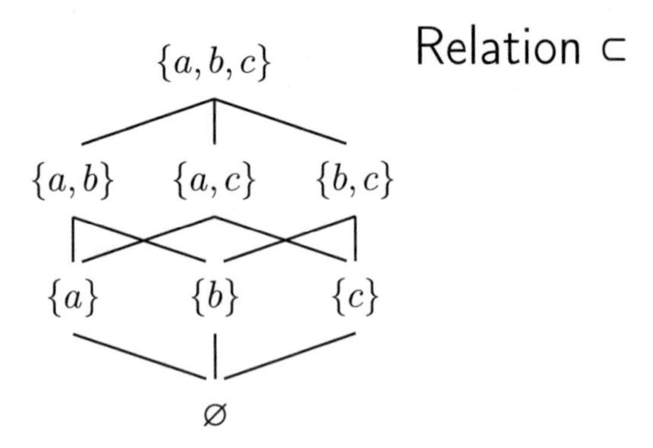

Abb. 5.8 Striktordnung von Teilmengen

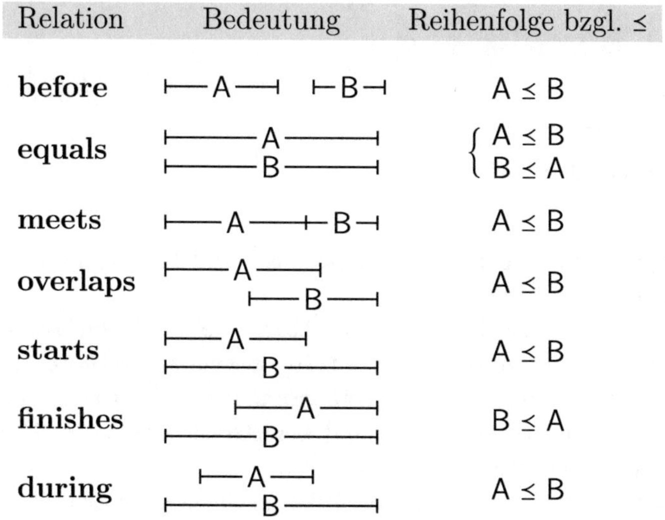

Relation	Bedeutung	Reihenfolge bzgl. $\leq$
before	├─A─┤ ├─B─┤	$A \leq B$
equals	├───A───┤ ├───B───┤	$\begin{cases} A \leq B \\ B \leq A \end{cases}$
meets	├─A──┼─B─┤	$A \leq B$
overlaps	├──A──┤ ├──B──┤	$A \leq B$
starts	├─A─┤ ├───B───┤	$A \leq B$
finishes	├─A─┤ ├───B───┤	$B \leq A$
during	├─A─┤ ├───B───┤	$A \leq B$

Abb. 5.9 Die Reihenfolge von Zeitintervallen gemäß $\preceq$

5.3.2 Zeitpunkt-Semantik und Zeitintervall-Semantik für komplexe Ereignisse

Für komplexe Ereignisse gibt es zwei in der Praxis dominierende Semantik-Ansätze, um ihre zeitliche Reihenfolge zu beschreiben. Die *Zeitpunkt-Semantik* ordnet einem komplexen Ereignis einen Zeitpunkt zu, dagegen verbindet die *Zeitintervall-Semantik* ein komplexes Ereignis mit einem Zeitintervall (siehe z. B. (Eckert 2008)).

In den folgenden beiden Darstellungen für Zeit-Semantiken sei e ein komplexes Ereignis, das aus der Menge $\{e_1, \ldots, e_n\}$ $(1 \leq n)$ von atomaren Ereignissen besteht. Wir setzen hier e mit der Menge $\{e_1, \ldots, e_n\}$ gleich. $t(e_i)$ ist der Zeitstempel von e_i $(i = 1, \ldots, n)$. Es gelte $t(e_1) \leq t(e_i)$ für $i = 2, \ldots, n$, und $t(e_i) \leq t(e_n)$ für $i = 1, \ldots, n-1$.

Zeitpunkt-Semantik Der Zeitpunkt $t(e)$ des komplexen Ereignisses e ist $t(e_n)$. Damit wird ein komplexes Ereignis mit dem Zeitpunkt, in dem es abgeschlossen ist, charakterisiert (Abb. 5.10).

e_1 e_2 e_3

$$t(\{e_1, e_2, e_3\}) = t(e_3)$$

Abb. 5.10 Zeitpunkt-Semantik

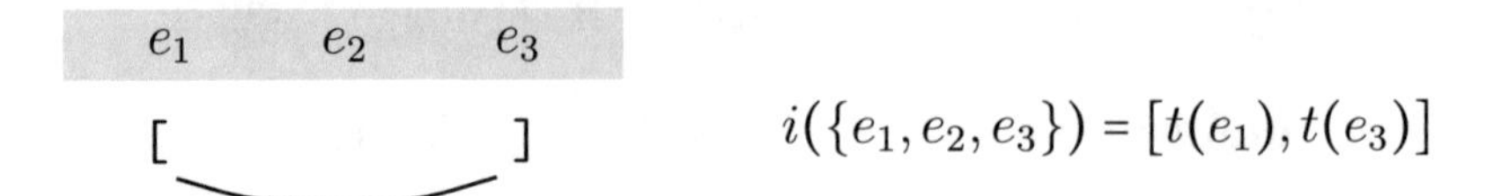

Abb. 5.11 Zeitintervall-Semantik

Zeitintervall-Semantik Dem komplexen Ereignis e wird das Zeitintervall $i(e) = [t(e_1), t(e_n)]$ zugeordnet (Abb. 5.11).

Auch wenn es simultane Ereignisse gibt, können bei der Zeitintervall-Semantik der Anfangs- und der Endzeitpunkt des Intervalls $i(e)$ eindeutig gewählt werden. Besteht das komplexe Ereignis $e = \{e_1\}$ aus einem einzelnen atomaren Ereignis e_1 und ist $t(e_1)$ der Zeitstempel von e_1, so ist $i(e) = [t(e_1), t(e_1)]$. Ein Intervall der Form $[t, t]$ kann bei Bedarf mit dem Zeitpunkt t gleichgesetzt werden.

In Abschn. 5.3.1 wurde dargestellt, dass bei einer Zeitintervall-Semantik auf der Basis der linearen Halbordnung $\preceq$ die Reihenfolge `[2,5]` $\preceq$ `[3,5]` gilt, nicht jedoch `[3,5]` $\preceq$ `[2,5]`). Bei einer Zeitpunkt-Semantik können unterschiedliche komplexe Ereignisse mit demselben Endzeitpunkt nicht bezüglich einer zeitlichen Reihenfolge unterschieden werden, was auf eine gewisse Schwäche dieses Ansatzes hinweist.

In Abschn. 5.4.1 werden die Zeitpunkt-Semantik und die Zeitintervall-Semantik am Beispiel der Sequenz demonstriert.

5.4 Muster von komplexen Ereignissen auf Basis der Kernoperatoren

Mit Variablen für Ereignistypen und den Operatoren Sequenz, Konjunktion, Disjunktion, Negation sowie weiteren Operatoren werden Terme gebildet, die verschachtelt sein können. Ein solcher Term bezeichnet ein Ereignismuster, mit dessen Hilfe aus einem Strom von atomaren Ereignissen eine Menge von atomaren Ereignissen, die dem Ereignismuster genügt, herausgefiltert wird.

Durch die Verschachtelung der Operatoren muss die Kombination komplexer Ereignisse berücksichtigt werden. Eine häufige Fragestellung betrifft die Äquivalenz zweier Terme für Ereignismuster. Wir verwenden für die Äquivalenz die Schreibweise $T_1 \equiv T_2$ um darzustellen, dass die Terme T_1 und T_2 genau dieselben Mengen von atomaren Ereignissen als Lösungen besitzen.

5.4.1 Sequenz

Werden zwei beliebige Ereignismuster X und Y durch den Sequenz-Operator zu dem Term $X; Y$ verknüpft, so besteht eine Lösung aus zwei komplexen Ereignissen x und y mit x ist Lösung von X und y ist Lösung von Y und es gilt x liegt vor y bezüglich einer zugrunde gelegten zeitbezogenen Semantik.

Beispiel Der Ausdruck $A; (B; C)$ bezeichne eine Sequenz, in der ein atomares Ereignis vom Typ A gefolgt wird von einem komplexen Ereignis nach dem Muster $B; C$. Bezüglich der Zeitintervall-Semantik verwenden wir die in Abschn. 5.3.1 vorgestellte lineare Halbordnung $\preceq$ für Zeitintervalle.

Kommen z. B. die atomaren Ereignisse a, b, c (a vom Typ A, b vom Typ B, c vom Typ C) in dieser Reihenfolge vor, d. h. $t(a) < t(b) < t(c)$, dann ist $\{a, b, c\}$ gemäß der Zeitintervall-Semantik $\preceq$ eine Lösung von $A; (B; C)$, denn dem atomaren Ereignis a wird das Intervall $[t(a), t(a)]$ zugeordnet und dem komplexen Ereignis $\{b, c\}$ das Zeitintervall $[t(b), t(c)]$. Wegen $t(a) < t(c)$ gilt die Beziehung $[t(a), t(a)] \preceq [t(b), t(c)]$.

Gilt in der Menge $\{a, b, c\}$ die Reihenfolge $t(b) < t(a) < t(c)$, so ist diese Menge ebenfalls eine Lösung von $A; (B; C)$, denn $\{b, c\}$ ist eine Lösung des Musters $B; C$ mit dem Zeitintervall $[t(b), t(c)]$ und $t(a)$ liegt in diesem Intervall mit $t(a) < t(c)$. Deshalb gilt auch in diesem Fall $[t(a), t(a)] \preceq [t(b), t(c)]$.

Für die Zeitpunkt-Semantik ist $\{a, b, c\}$ mit $t(a) < t(b) < t(c)$ offensichtlich eine Lösung von $A; (B; C)$. Auch die Reihenfolge $t(b) < t(a) < t(c)$ ergibt eine Lösung, denn $\{b, c\}$ mit dem zugeordneten Zeitpunkt $t(\{b, c\}) = t(c)$ ist eine Lösung von $B; C$ und für a gilt $t(a) < t(c)$.

Abb. 5.12 macht den Unterschied der beiden Semantik-Ansätze anhand des Beispiels $A; (B; C)$ deutlich.

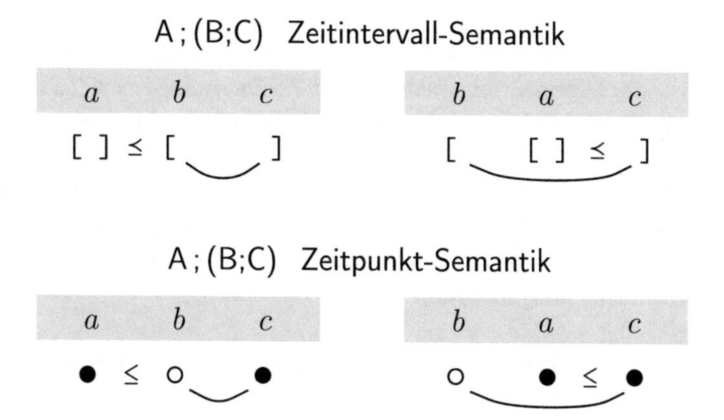

Abb. 5.12 Vergleich Zeitpunkt- und Zeitintervall-Semantik

Mit Hilfe der Abb. 5.12 ist leicht nachvollziehbar, dass für das Ereignismuster $A;\ (B;\ C)$ unter beiden Zeit-Semantiken die Reihenfolge der Instanzen von A und B keine Rolle spielt, sofern sie beide vor der Instanz von C liegen. Offensichtlich gilt dies auch für das Ereignismuster $B;\ (A;\ C)$, bei dem A und B vertauscht sind. Setzt man voraus, dass keine simultanen atomaren Ereignisse eintreten, dann sind die Ereignismuster $A;\ (B;\ C)$ und $B;\ (A;\ C)$ unter beiden Zeit-Semantiken äquivalent, d. h. sie haben jeweils dieselben Mengen von Lösungen.

In (Galton und Augusto 2002) wird argumentiert, dass dies der Intuition widerspricht, da beide Muster unterschiedliche Situationen beschreiben. Deshalb wird eine andere Zeitintervall-Semantik entwickelt, bei der nicht die spätesten Ereignisse für eine lineare Ordnung herangezogen werden, sondern eine aus den Allenschen Intervall-Beziehungen abgeleitete Zeitintervall-Semantik basierend auf der before-Relation, wie es auf dem Gebiet der Wissensrepräsention üblich ist. Dann gilt für das rechte Beispiel $\{b, a, c\}$ der Abb. 5.12 nicht das Allensche *before,* d. h. es gilt $[t(a), t(a)] \not< [t(b), t(c)]$ (wobei das Zeichen $<$ hier als Abkürzung für *before* verwendet wird).

Dass sowohl die Zeitpunkt- als auch die Zeitintervall-Semantik für manche Anwendungsfälle problematisch sind, zeigt das folgende Beispiel.

Beispiel: In einem Versicherungsunternehmen soll automatisch überprüft werden, ob Auszahlungen nach einem Unfall rechtmäßig erfolgt sind oder nicht. Dazu werden die Ereignistypen A, B, C mit der folgenden Interpretation versehen: eine KFZ-Haftpflichtversicherung wird abgeschlossen (A,) ein Unfall passiert (B,) eine Entschädigung wird ausgezahlt (C). Die Sequenz $A;\ (B;\ C)$ drückt intuitiv aus, dass ein Kunde die Versicherung abgeschlossen haben muss, bevor ein Unfall passiert, um eine Entschädigung zu erhalten. Ist jedoch die Reihenfolge der beiden Ereignisse A und B nicht relevant, wie es sowohl bei der Zeitpunkt-Semantik als auch bei der Zeitintervall-Semantik der Fall ist, dann würde eine Entschädigung fälschlicherweise auch dann als korrekt beurteilt, wenn die Versicherung erst nach einem Unfall abgeschlossen worden ist.

Aus Abb. 5.12 ist zu ersehen, dass für den binären Sequenzoperator die Assoziativität nicht gilt. $\{b, a, c\}$ ist sowohl gemäß Zeitpunkt- als auch Zeitintervall-Semantik eine Lösung von $A;\ (B;\ C)$, aber offensichtlich bei beiden Zeit-Semantiken keine Lösung von $(A;\ B);\ C$.

Ungültigkeit der Assoziativität Weder unter der Zeitintervall-Semantik mit der Ordnungsrelation $\preceq$ noch unter der Zeitpunkt-Semantik ist der binäre Sequenz-Operator assoziativ, d. h. $X;\ (Y;\ Z) \not\equiv (X;\ Y);\ Z$. Die beiden Ausdrücke $X;\ (Y;\ Z)$ und $(X;\ Y);\ Z$ beschreiben unterschiedliche Ereignismuster.

Bemerkung Unter einer Zeitintervall-Semantik mit der Allenschen *before*-Relation ist der Sequenz-Operator assoziativ.

Der mit dem dreistelligen Sequenzoperator gebildete Ausdruck $X;\, Y;\, Z$ wird üblicherweise linksassoziativ interpretiert, d. h. er ist äquivalent zu dem Ausdruck $(X;\, Y);\, Z$. In dem Versicherungsbeispiel sollte also entweder der Ausdruck $(A;\, B);\, C$ oder $A;\, B;\, C$ verwendet werden.

5.4.2 Konjunktion

Wenn X und Y zwei beliebige Ereignismuster sind, so besteht eine Lösung des Terms $X \wedge Y$ aus zwei komplexen Ereignissen x und y mit x ist Lösung von X und y ist Lösung von Y. Die temporale Beziehung zwischen x und y spielt dabei keine Rolle.

Assoziativität Die Konjunktion ist assoziativ, d. h. es gilt die Äquivalenz $A \wedge (B \wedge C) \equiv (A \wedge B) \wedge C$.

Kommutativität Die Konjunktion ist kommutativ, d. h. es gilt die Äquivalenz $A \wedge B \equiv B \wedge A$.

Ungültigkeit der Distributivität Für die Konjunktion sind $(A \wedge B);\, C$ und $(A;\, C) \wedge (B;\, C)$ nicht äquivalent, d. h. es gilt nicht das entsprechende Distributivgesetz, wie das Beispiel der Abb. 5.13 zeigt (aus (Eckert 2008), S. 51).
Auch das Distributivgesetz $A \wedge (B;\, C) \equiv (A \wedge B);\, (A \wedge C)$ gilt nicht, da z. B. $\{a_1, b_1, a_2, c_1\}$ eine Lösung von $(A \wedge B);\, (A \wedge C)$ ist, aber nicht von $A \wedge (B;\, C)$.

Aufgrund der Assoziativität der Konjunktion ist es problemlos, in einer Anfragesprache eine n-fache Konjunktion wie etwa $A \wedge B \wedge C \wedge D$ zu ermöglichen. Es gibt Anfragesprachen, die als Variante der n-fachen Konjunktion eine *Wiederholung* mit zwei Parametern n und m anbieten, die eine mindestens n-fache und maximal m-fache Konjunktion desselben Musters ausdrückt wie beispielsweise $A \wedge A \wedge A \wedge A$ (siehe auch Abschn. 5.5).

5.4.3 Disjunktion

Die Disjunktion verknüpft zwei Ereignismuster X und Y mit einem „oder", dargestellt als $X \vee Y$. In der Logik steht das Symbol $\vee$ für das inklusive Oder mit der in Abb. 5.5 dargestellten Wahrheitstafel.

Ereignisstrom: a, c_1, b, c_2
Lösung von $(A \wedge B); C$ **:** $\{a, b, c_2\}$.
Lösungen von $(A; C) \wedge (B; C)$ **:** $\{a, c_1, b, c_2\}$, $\{a, b, c_2\}$.

Abb. 5.13 Ungültigkeit der Distributivität

Ereignisstrom: a, b, c, d
Pattern: $A; (B \vee C); D$
Lösung Strategie a: $\{a, b, d\}$.
Lösungen Strategie b: $\{a, b, d\}, \{a, c, d\}, \{a, b, c, d\}$.
Lösung Strategie c: $\{a, b, c, d\}$.

Abb. 5.14 Beispiel einer Disjunktion

Beim Complex Event Processing wird das Muster $X \vee Y$ üblicherweise so interpretiert, dass eine Lösung gefunden ist, sobald ein komplexes Ereignis des Musters X oder des Musters Y eingetreten ist. Ist eines der beiden Ereignisse eingetreten, und tritt anschließend ein Ereignis des anderen Musters ein, so gibt es unterschiedliche Vorgehensweisen, die wir in Abschn. 5.2.3 als Strategien a, b, c vorgestellt haben. In Abb. 5.14 ist die Kombination einer Disjunktion mit dem Sequenz-Operator dargestellt. Das Beispiel stammt aus (Eckert 2008), S. 51.

Die Eigenschaften Assoziativität und Kommutativität sind für die Disjunktion offensichtlich erfüllt.

Assoziativität: Die Disjunktion ist assoziativ, d. h. es gilt die Äquivalenz $A \vee (B \vee C) \equiv (A \vee B) \vee C$.

Kommutativität: Die Disjunktion ist kommutativ, d. h. es gilt die Äquivalenz $A \vee B \equiv B \vee A$.

Die Distributivität der Disjunktion hängt davon ab, welche Vorkommen von Instanzen der Komponententypen berücksichtigt werden und welcher Consumption Mode zugrunde liegt.

5.4.4 Negation

Einige wesentliche Merkmale der Negation wurden schon in Abschn. 5.2.4 beschrieben. Die sequenzbasierte Negation kann als ternärer Operator in der Form $X; \neg Z; Y$ verwendet werden, oder, falls man Operatoren für verschachtelte Ausdrücke zulässt, als binärer Operator in der Form $\neg(Z, (X; Y))$. Hierbei können X, Y, Z Typen von komplexen Ereignissen sein.

Meist ist die allgemeine sequenzbasierte Negation zu schwierig, deshalb wird oft die spezielle Form $A; \neg Z; B$ verwendet, bei der A und B Typen von atomaren Ereignissen sind, und Z kann ein Term sein, der den Typ eines komplexen Ereignisses beschreibt. Nach dieser Vorgabe darf zwischen einem atomaren Ereignis des Typs A und einem nachfolgenden atomaren Ereignis des Typs B kein komplexes Ereignis des Typs Z vorkommen.

Die Mustererkennung eines Musters $X; \neg Z; Y$ mit einer Negation kann vor dem Erkennen eines Y-Ereignisses abgebrochen werden, wenn ein Ereignis eintritt, das durch die Negation ausgeschlossen sein soll.

5.5 Wiederholung

Der Wiederholungsoperator in formalen Sprachen der Informatik ist der *-Operator, auch *Stern-Operator, Kleene Star* oder *Kleene-Abschluss*[1] genannt. Der Stern-Operator beschreibt das beliebig oftmalige Wiederholen von Instanzen eines Musters, genauer das n-malige Wiederholen mit $n \geq 0$ (vgl. Abschn. 7.2). Soll der Fall $n = 0$ ausgeschlossen sein, spricht man vom *Kleene-Plus-Operator.* Als Kurzbezeichnungen werden auch *Kleene*$*$ und *Kleene*$+$ verwendet.

Beim Complex Event Processing wird meistens der Kleene-Plus-Operator verwendet. Die Wiederholung wird dabei auf einen definierten Zeitraum beschränkt, entweder auf einen Fensterausschnitt oder in der Form $A; B+; C$, wenn zwischen einem Ereignis des Typs A und einem nachfolgenden Ereignis des Typs C mindestens ein Ereignis des Typs B eintreten soll.

Der Kleene-Wiederholungsoperator bezeichnet das *aperiodische* Wiederholen, d. h. die Zeitabstände zwischen zwei nacheinander auftretenden Ereignissen können unterschiedlich lang sein. Als Bezeichnung verwendet man im Englischen auch *cumulative aperiodic event operator.*

In manchen CEP-Sprachen gibt es einen *periodischen* Wiederholungsoperator, der beispielsweise verwendet wird, um aus einem sehr dichten Strom von Temperaturmessungen in periodischen Zeitabständen Temperaturwerte für eine Auswertung zu extrahieren.

Beispiele für typische Wiederholungsmuster

- Es soll erkannt werden, wenn in einem relativ kurzen Zeitraum mehrere betrügerische Abbuchungen von größeren Geldbeträgen beim Onlinebanking getätigt werden. Hierbei müsste man noch eine Mindestanzahl festlegen, ab wann das wiederholte Abbuchen verdächtig ist.
- Es soll die Anstiegsphase des Kurses einer Aktie ausgewertet werden. Dazu ist interessant, wie oft sich der Kurs ab einem lokalen Minimum bis zu einem lokalen Maximum nach oben bewegt.

Der Wiederholungsoperator bezogen auf einen Ausschnitt eines Ereignisstroms liefert alle Ereignisse eines Typs, die in dem Ausschnitt eintreffen. Ein solcher Operator ist hilfreich, wenn man eine Aggregationsfunktion wie maximaler, minimaler oder durchschnittlicher Wert eines Attributs einer Menge von Ereignissen desselben Typs ermitteln will (siehe folgender Abschn. 5.6).

[1] Stephen C. Kleene (1909–1998), amerikanischer Mathematiker und Logiker.

Bei der Erkennung eines Wiederholungsmusters gibt es Fälle, in denen man nach dem letzten zur Instanz gehörenden Ereignis noch warten muss, bis das Muster als erkannt gelten kann. Wenn z. B. in einem Zeitraum genau n atomare Ereignisse des Typs A vorkommen dürfen, dann muss man nach dem n-ten atomaren A-Ereignis (dem potenziellen abschließenden Ereignis) noch bis zum Ende des vorgegebenen Zeitraums warten, um sicher zu gehen, dass nicht noch weitere atomare Ereignisse des Typs A eingetreten sind. Mann kann diese Problematik jedoch dadurch umgehen, dass man das Ende des betrachteten Zeitraums als atomares Ereignis in das Muster einbezieht.

In (Diao 2007) wird die Event-Sprache SASE+ beschrieben, die Operationen für den Kleene-Abschluss beinhaltet (vgl. Abschn. 6.3). Die formale Semantik wird anhand von speziellen endlichen Automaten beschrieben (vgl. Abschn. 7.2).

5.6 Aggregation

Die Kernoperatoren Sequenz, Konjunktion, Disjunktion, Negation sowie Wiederholungen und temporale Relationen beziehen sich auf Ereignistypen und nicht auf individuelle Ereignisinstanzen. Bei atomaren Ereignissen werden dazu die Attribute Ereignistyp und Zeitstempel ausgewertet. Bei der Auswahl atomarer Ereignisse für die Instanz eines komplexen Ereignisses werden häufig auch andere messbare Attributswerte berücksichtigt, eventuell unter Einbeziehung weiterer Kriterien. Eine solche Auswertung wird in Anlehnung an die Theorie der Datenbanken als *Aggregation* bezeichnet.

Beim CEP werden Aggregationen üblicherweise auf die in einem Auswertungsfenster sichtbaren atomaren Ereignisse gleichen Typs angewendet. In speziellen Fällen können auch anderweitig abgespeicherte Ereignisse einbezogen werden.

In Tab. 5.5 sind einige typische Operatoren für die Aggregation zusammengefasst, die als *Aggregat-Operatoren* oder *Aggregationsfunktionen* (auch *Aggregat-Funktionen*) bezeichnet werden. In einigen CEP-Systemen (z. B. Esper) gibt es zusätzlich noch median (Median),

Tab. 5.5 Aggregat-Operatoren

Operator	Bedeutung
count	Anzahl atomarer Ereignisse
first	Erstes atomares Ereignis
last	Letztes atomares Ereignis
max	Atomares Ereignis mit größtem Wert
min	Atomares Ereignis mit kleinstem Wert
sum	Summe der Werte
average	Durchschnitt der Werte
collect	Alle Werte als Liste

stddev (Standardabweichung, engl. standard deviation) und avedev (Mittelwertabweichung, engl. average deviation). Manche CEP-Systeme bieten die Möglichkeit, selbst programmierte Aggregationsfunktionen zu verwenden.

Mit Aggregationsfunktionen kann man die Suche nach einem komplexen Ereignis wie in dem folgenden Beispiel formulieren:

> *„Suche eine Lösung der Sequenz A;B, bei der die dazwischenliegenden atomaren Ereignisse des Typs X für das Attribut value alle den Wert n haben."*

Oftmals verwendet man *Schwellenwertfunktionen* (engl. *threshold functions*), die vorgeben, welche Schwelle nach oben oder nach unten erreicht werden muss, damit eine Musterinstanz gebildet wird. Beispielsweise könnte man in dem vorigen Beispiel fordern, dass der Durchschnittswert *n* für das Attribut *value* größer als ein vorgegebener Wert *m* ist.

Mit Hilfe von Attributswerten können auch Relationen zwischen atomaren Ereignissen beschrieben werden, so wie man es in der Datenbanktechnologie für Datenobjekte macht. Anfragesprachen, die auf relationale Muster ausgerichtet sind, heißen *Datenstrom-Anfragesprachen,* wie beispielsweise CQL (Continuous Query Language), eine CEP-Erweiterung zur klassischen Dantenbankanfragesprache SQL (Structured Query Language) (vgl. Abschn. 6.1).

Zur Beschreibung relationaler Muster werden insbesondere die folgenden Relationen verwendet:

- Vergleichsoperatoren: =, <, >, <=, >=, <>.
- Logische Operatoren für Boolesch-wertige Attribute: `NOT`, `AND`, `OR`, `XOR`.

Relationen wie die genannten Beispiele werden häufig mit Aggregationsfunktionen kombiniert wie in dem folgenden Beispiel, in dem das Boolesch-wertige Attribut „Kaufoption liegt vor" verwendet wird:

> *„Wähle in einem Strom von StockTick-Ereignissen (Ereignistyp A) bezogen auf ein Auswertungsfenster diejenigen Sequenzen A;A von StockTick-Ereignissen derselben Firma aus, die einen prozentualen Zuwachs von mehr als 20 % erzielen und für die eine Kaufoption vorliegt."*

Beschränkt sich eine CEP-Software auf die mathematisch-statistische Analyse eines Ereignisstroms mit Hilfe von Aggregationsfunktionen, so spricht man auch speziell von *Streaming Analytics*.

Literatur

Allen, J. F. (1984). Towards a general theory of action and time. *Artificial Intelligence*, *23*(2), 123–154.

Diao, Y., Immerman, N., & Gyllstrom, D. (2007). *Sase+: An Agile Language for Kleene closure over event streams*. Amherst: University of Massachusetts.

Eckert, M. (2008). *Complex event processing with XChangeEQ: Language design, formal semantics, and incremental evaluation for querying events*. Doktorarbeit: Universität München.

Galton, A., & Augusto, J. C. (2002). Two approaches to event definition. In A. Hameurlain, R. Cicchetti & R. Traunmüller (Hrsg.), *DEXA, Lecture Notes in Computer Science* (Bd. 2453 d, S. 547–556). Berlin, Heidelberg: Springer.

Liu, D., Pedrinaci, C., & Domingue J. (2009). Semantic enabled complex event language for business process monitoring. In: *Proceedings of the 4th international workshop on semantic business process management,* SBPM '09 (S. 31–34). New York: ACM.

Mühl, G., Fiege, L., & Pietzuch, P. R. (2006). *Distributed event-based systems*. Berlin, Heidelberg: Springer.

Walzer, K., Breddin, T., & Groch M. (2008). Relative temporal constraints in the Rete algorithm for complex event detection. In: *Proceedings of the second international conference on distributed event-based systems,* DEBS '08 (S. 147–155). New York: ACM.

6 Beispiele für Event Processing Languages

Für das Complex Event Processing werden unterschiedliche Sprachen verwendet, die man nach (Eckert 2008) in drei Kategorien einteilen kann.

Datenstrom-basierte Sprachen, die sich an Datenbankanfragesprachen orientieren, sind meistens eine Erweiterung von SQL um zusätzliche Sprachkonstrukte für den Zugriff auf einen Ereignisstrom. Sie enthalten die in Kap. 5 beschriebenen Operatoren zur Beschreibung komplexer Ereignisse (wie z. B. Konjunktion, Disjunktion, Negation, Sequenz), Aggregationsfunktionen, Ausdrucksmöglichkeiten für zeitliche Relationen sowie Konzepte für Auswertungsfenster und Consumption Modes. Für die Anwendung solcher Sprachen müssen die atomaren Ereignisse entweder in Form von Relationentupeln eintreffen oder sie müssen entsprechend transformiert werden.

Kompositionsoperator-basierte Sprachen sind imperative Scriptsprachen, die speziell für das CEP entwickelt worden sind. Sie basieren auf den in Kap. 5 beschriebenen Ereignis-Operatoren, die aus einer Menge von atomaren Ereignissen ein komplexes Ereignis bilden. Die Beschreibung eines Ereignismusters erfolgt dabei analog zu den in der Mathematik gebräuchlichen arithmetischen Ausdrücken, in denen insbesondere Klammern für Strukturierungen verwendet werden. Kompositionsoperator-basierte Sprachen orientieren sich im Allgemeinen nicht an Datenbankanfrage-Sprachen und sind nicht abhängig von einer Datenbankumgebung.

Logik-basierte Sprachen sind auf eine regelbasierte Softwareumgebung ausgerichtet. Sie verwenden Regeln und Fakten, um Beziehungen zwischen Ereignissen zu beschreiben. Die Grundlage dazu bildet die Prädikatenlogik (siehe Kap. 11). Manche CEP-Systeme werden direkt in der Programmiersprache Prolog (*Pro*gramming in *Log*ic) implementiert, die als grundlegende Ausdrucksformen Regeln und Fakten verwendet. Objekte werden in Prolog als Terme mit Funktionssymbolen (die den Operatoren entsprechen) codiert. Weit verbreitet sind auch Sprachen, die neben Fakten sogenannte ECA-Regeln (Event-Condition-Action) verwenden (siehe Abschn. 8.2).

U. Hedtstück, *Complex Event Processing*,
https://doi.org/10.1007/978-3-662-61576-8_6

Die Zuordnung einer Event Processing Language zu einer der drei Kategorien ist nicht eindeutig. Z. B. haben praktisch alle Datenstrom-basierte und Logik-basierte Sprachen auch Ausdrucksmöglichkeiten für die gängigen Ereignis-Operatoren.

Im Folgenden werden einige typische Sprachen für das Complex Event Processing beispielhaft vorgestellt.

6.1 SQL und CQL

Die klassische Datenbankanfragesprache für relationale Datenbanken ist die Structured Query Language (SQL). Für Belange des Complex Event Processing wurde an der Stanford University die Datenstrom-basierte Sprache Continuous Query Language (CQL) als Erweiterung von SQL entwickelt (Arasu et al. 2006).

Die Grundlage beider Sprachen bilden Relationen in Form von Tabellen. Tabellen werden in Spalten (anschaulich: senkrechte Segmente) und Zeilen (waagrechte Segmente) unterteilt. Jede Spalte hat einen Namen. Tab. 6.1 besteht aus 5 Spalten für Symbol, Firma, Anzahl, Kaufkurs und Kurs, sowie aus 4 Zeilen.

In Abb. 6.1 ist die Syntax einer SQL-Anfrage mit den wichtigsten Klauseln dargestellt.

Bei `SELECT` kann anstatt einer Liste der Stern `*` angegeben werden, um alle Spalten auszuwählen. Es gibt noch weitere Klauseln wie `HAVING`, um auf Spalten, die durch `GROUP BY` ausgewählt wurden, Aggregationsfunktionen anzuwenden, oder `ORDER BY`, um eine Reihenfolge bei der Ausgabe festzulegen.

Abb. 6.2 zeigt als Beispiel eine Projektion (Auswahl von Spalten, realisiert durch `SELECT`) und eine Selektion (Auswahl von Zeilen, realisiert durch `WHERE`).

Für komplexe Bedingungen in der Where-Klausel stehen eine Vielzahl von Operationen zur Verfügung (vgl. Abschn. 5.6). Mit einer Group-by-Klausel zusammen mit einer

Tab. 6.1 Beispiel einer Relation: Tabelle Aktiendepot

Symbol	Firma	Anzahl	Kaufkurs	Kurs
IBM	IBM	40	50.24	100.63
CSCO	Cisco	15	13.38	18.08
GOOG	Google	20	25.19	16.45
AAPL	Apple	30	90.15	342.75

Abb. 6.1 Syntax einer SQL-Anfrage

```
SELECT      <Liste von Spaltennamen>
FROM        <Liste von Tabellen>
[WHERE      <Suchbedingung>]
[GROUP BY   <Liste von Spaltennamen>]
```

```
SELECT  Symbol, Anzahl, Kurs
FROM    Aktiendepot
WHERE   Anzahl >= 30
```

Resultat:

Symbol	Anzahl	Kurs
IBM	40	100.63
AAPL	30	342.75

Abb. 6.2 Projektion und Selektion

Aggregationsfunktion können innerhalb einer Spalte Gruppen bezüglich interessierender Kriterien gebildet werden.

In der From-Klausel von SQL stehen die Namen von Tabellen. In CQL darf auch der Name eines Ereignisstroms verwendet werden. Die atomaren Ereignisse des Ereignisstroms stellen Relationen-Tupel mit einem Zeitstempel dar. Für die Auswahl der atomaren Ereignisse stehen in CQL Fenster-Operatoren für Zeit- und Längenfenster sowie für Partitioned Windows zur Verfügung. Als Schlüsselwort für die Spezifikation eines Zeitfensters verwendet man `RANGE`, für ein Längenfenster verwendet man `ROWS`.

Als Beispiel betrachten wir einen Ereignisstrom `StockTickEvent`, auf dem laufend aktuelle Kurse von Aktien eintreffen. Oftmals verwendet man den Zusatz „Event" im Namen des Ereignisstroms, um deutlich zu machen, dass nicht eine Tabelle bearbeitet wird. Die atomaren Ereignisse sind Relationen-Tupel mit den Spalteninhalten Eventtype, Timestamp, EventID, Symbol und Price (Abb. 6.3).

In Abb. 6.4 ist eine CQL-Anfrage an den Ereignisstrom `StockTickEvent` gerichtet. Es wird nach dem durchschnittlichen Kurs der Aktie mit dem Symbol `CSCO` bezogen auf die letzten 60 s gefragt.

Das in `RANGE` definierte Fenster ist ein Zeitfenster der Dauer 60 s mit Verschiebefaktor 10 s. D. h. alle 10 s wird das Fenster aktualisiert, die Einträge, die älter als 60 s sind, werden entfernt und die Kursmeldungen der letzten 10 s werden neu hinzugefügt.

Abb. 6.3 Atomares Ereignis des Ereignisstroms `StockTickEvent`

Eventtype:
`StockTickEvent`
Timestamp:
`2015-06-25`
`10:35:28`
EventID:
`12203`

Symbol: `CSCO`
Price: `17.32`

```
SELECT  Symbol, AVG(Price)
FROM    StockTickEvent [RANGE 60 SEC SLIDE 10 SEC]
WHERE   Symbol = 'CSCO'
```

Abb. 6.4 Beispiel einer Anfrage in CQL mit Zeitfenster

Wird der Verschiebefaktor weggelassen (z. B. `[RANGE 60 SEC]`), so wird der Default-Wert 1 bezogen auf die Zeiteinheit Sekunden verwendet. Die Zeitstempel der Ereignisse haben als Default-Einheit 1 Millisekunde.

In der Anfrage der Abb. 6.5 wird mit Hilfe des Schlüsselworts `ROWS` ein Längenfenster definiert. Der Default-Wert des Verschiebefaktors eines Längenfensters ist 1. Die Bezeichnung `ROWS` deutet auf Zeilen einer Tabelle hin. Bei einem Ereignisstrom kann man jedes eintreffende atomare Ereignis als Zeile einer Tabelle interpretieren, deren Zeilen sich dynamisch auffüllen und nach einer vorgegebenen Strategie gelöscht werden.

Für die Gruppenbildung wird das Konzept der Partitioned Windows verwendet. Zusammen mit Aggregationsfunktionen und einer Group-by-Klausel können Gruppen von atomaren Ereignissen getrennt ausgewertet werden (Abb. 6.6). Im Prinzip wird dabei ein eintreffender Strom von atomaren Ereignissen in mehrere Ströme aufgeteilt und jeder Teilstrom wird mit einem eigenen Längenfenster ausgewertet.

Die Beispiele machen deutlich, wie CQL die Datenbanksprache SQL erweitert, sodass der zeitliche Aspekt von Relationen-Tupeln (Zeilen einer Tabelle), die als Ereignis an einem CEP-System eintreffen, berücksichtigt werden kann. Dadurch kann ein CEP-System in natürlicher Weise in eine Datenbank-orientierte IT-Landschaft integriert werden. Dies wäre

```
SELECT  Symbol, AVG(Price)
FROM    StockTickEvent [ROWS 10 SLIDE 5]
WHERE   Symbol = 'CSCO'
```

Abb. 6.5 Beispiel einer Anfrage in CQL mit Längenfenster

```
SELECT    Symbol, AVG(Price)
FROM      StockTickEvent [PARTITION BY Symbol ROWS 10]
WHERE     Symbol = 'CSCO' OR 'IBM'
GROUP BY  Symbol
```

Abb. 6.6 Beispiel einer Gruppierung in CQL mit Längenfenster

insbesondere dann von Vorteil, wenn ein Teil der eintreffenden Ereignisse für eine zukünftige Verarbeitung in einer Datenbank abgespeichert werden soll, oder wenn Wissen aus der Datenbank bei der Erkennung von Ereignismustern herangezogen wird.

6.2 Esper

Ein weit verbreiteter Entwicklungsrahmen für Java-basierte Complex-Event-Processing-Anwendungen ist die in Java programmierte Open-Source-Software Esper (Esper 2020). Esper orientiert sich in vielerlei Hinsicht an SQL, verarbeitet aber keine Tabellen, sondern atomare Ereignisse, die in Form von Java-Objekten, XML Events oder Name/Wert-Paaren in einem oder mehreren Ereignisströmen eintreffen. In Abb. 6.7 ist beispielhaft ein XML-Ausdruck für ein Ereignis dargestellt.

In Esper können mehrere Ereignisströme mit verschiedenen Techniken wie Mischen oder Filtern für eine Anwendung aufbereitet werden. Der Zugriff auf Ereignisse eines Ereignisstroms wird mit Hilfe der Esper Event Processing Language (EPL) formuliert. EPL bietet ähnlich wie SQL die Operationen `select`, `from`, `where`, `group by`, `having` und `order by`. Abb. 6.8 zeigt eine Anfrage, die aus einer Aggregation besteht, bezogen auf ein gleitendes Zeitfenster. Es soll der durchschnittliche Aktienkurs (`avg`) der `CSCO`-Aktie ermittelt werden, der sich innerhalb von jeweils 60 s beobachten lässt.

EPL bietet die Aggregationsfunktionen `avg`, `sum`, `count`, `max`, `min`, `median`, `stddev`, `avedev` an. In der From-Klausel wird der Ereignisstrom angegeben, aus dem die atomaren Ereignisse entnommen werden (`StockTickEvent`).

```
<event id = "12003">
    <eventType> stockTickEvent </eventType>
    <timeStamp> 2015-06-25 10:35:28 </timeStamp>
    <symbol> CSCO </symbol>
    <price> 17.32 </price>
</event>
```

Abb. 6.7 Beispiel eines XML-Ereignisses

```
select  symbol, avg(price)
from    StockTickEvent.win:time(60 sec)
where   symbol = 'CSCO'
```

Abb. 6.8 Beispiel einer Anfrage in Esper mit Zeitfenster

Für ein normales Zeitfenster kann man keinen Verschiebefaktor angeben. Ein Zeitfenster gleitet in der folgenden Weise: Trifft ein neues Ereignis ein, das für das gesuchte Muster relevant ist, so wird es in das Fenster aufgenommen und bekommt eine Gültigkeitsdauer zugeordnet, die der Fensterdauer entspricht. Läuft die Gültigkeitsdauer eines Ereignisses ab, so wird es gelöscht. Als Variante kann man mit dem Ausdruck `win:time_batch(60 s)` ein Batch-Zeitfenster spezifizieren, wodurch sich ein Tumbling Window ergibt, bei dem der Verschiebefaktor gleich der Fensterdauer ist.

Abb. 6.9 zeigt die Definition eines Längenfensters in Esper. Ist das Fenster voll, so wird bei jedem neu eintreffenden Ereignis das älteste Ereignis des Fensters gelöscht. Auch für Längenfenster gibt es eine Batch-Version `win:length_batch(10)`, bei der das Fenster nach dem Füllen vollständig geleert wird, bevor es wieder aufgefüllt wird.

Neben Fensterspezifikationen und Aggregationsfunktionen können in EPL Ereignismuster beschrieben werden, die mit einer From-Klausel der Form `from pattern[...]` formuliert werden. Es stehen die logischen Operatoren `and`, `or`, `not` sowie die Zeit-bezogene Relation `->` (Sequenz) zur Verfügung.

Das Beispiel in Abb. 6.10 beschreibt ein Ereignismuster bestehend aus zwei aufeinander folgenden StockTick-Ereignissen mit dem Firmensymbol `CSCO`, bei denen innerhalb eines Zeitfensters mit der Dauer eine Stunde eine Kurssteigerung von mehr als 5 % aufgetreten ist. Wird das erste Paar von Ereignissen mit der geforderten Eigenschaft gefunden, so bricht die Suche ab. Andere Strategien zur Auswahl von Musterinstanzen können mit Hilfe des `every`-Operators realisiert werden (zur Verwendung des `every`-Operators siehe Abschn. 4.4).

Abb. 6.11 zeigt eine Möglichkeit, wie in Esper Muster mit dem Negationsoperator not formuliert werden können. Das Muster beschreibt die in Abschn. 2.4 beschriebene Situation einer Smart-Home-Überwachung, in der ein kritischer Temperaturabfall erkannt werden soll.

```
select  symbol, avg(price)
from    StockTickEvent.win:length(10)
where   symbol = 'CSCO'
```

Abb. 6.9 Definition eines Längenfensters in Esper

```
select a, b
from pattern [a = StockTickEvent(symbol = 'CSCO') ->
              b = StockTickEvent(symbol = a.symbol,
              price > 1.05*a.price)
             ].win:time(1 hour)
```

Abb. 6.10 Sequenz-Muster in Esper

```
select a, b
from pattern [a = FensterAuf ->
                  (b = Temperatur(temp < 10)
                  and not FensterZu)]
```

Abb. 6.11 Beispiel für ein Muster mit Negation in Esper

Die hier vorgestellten Beispiele stellen nur einen kleinen Ausschnitt der von Esper bereitgestellten Konzepte dar. In der sehr umfangreichen Dokumentation (EsperReference 2016) sind alle Möglichkeiten, die ESPER bietet, beschrieben.

6.3 SASE+

Die Sprache SASE+ wurde von einem Forscherteam der University of Massachusetts entwickelt, um speziell den Kleene-Abschluss in der Beschreibung eines Ereignismusters ausdrücken zu können (Agrawal et al. 2008).

Abb. 6.12 zeigt die Struktur einer Anfrage in SASE+. Die `PATTERN`-, `WHERE`- und `WITHIN`-Klauseln dienen zur Beschreibung eines Ereignismusters, das in einem ankommenden Ereignisstrom erkannt werden soll.

In Abb. 6.13 ist eine Anfrage dargestellt, die die Auswirkung einer schlechten Nachricht auf den Kurswert einer Aktie ermitteln soll. Durch den Sequenz-Operator `SEQ` wird zuerst eine Nachricht `a` des Typs `bad` (=schlecht) erwartet. Dann werden innerhalb eines Zeitfensters der Länge 4 Stunden die darauf folgenden StockTick-Ereignisse der Aktie mit dem Symbol `GOOG` in ein Array `b[ ]` hineingeschrieben. Das +-Symbol bezeichnet den Kleene+-Abschluss, d. h. die mindestens einmalige Wiederholung. Mit `RETURN` wird der durchschnittliche Börsenkurs der Aktie (Aggregationsfunktion `AVG`) bezogen auf das Zeitfenster zurückgegeben.

Abb. 6.12 Struktur einer Anfrage in SASE+

```
[FROM      <input stream>]
PATTERN    <pattern structure>
[WHERE     <pattern matching condition>]
[WITHIN    <window specification>]
[HAVING    <pattern filtering condition>]
RETURN     <output specification>
```

```
PATTERN  SEQ(NewsEvent a, StockTickEvent+ b[])
WHERE    a.type = 'bad' ∧ b[i].symbol = 'GOOG'
WITHIN   4 hours
RETURN   AVG(b[].price)
```

Abb. 6.13 Beispiel einer Anfrage in SASE+. (Nach Diao et al. 2007)

In der Where-Klausel können Strategien bei der Anwendung des Kleene-plus-Operators festgelegt werden. In der folgenden Liste werden diese Anwendungsmechanismen mit abnehmender Eingeschränktheit dargestellt.

- **Strict contiguity:** Die für ein Ereignismuster relevanten atomaren Ereignisse müssen direkt aufeinander folgen, es dürfen zwischendurch keine anderen (irrelevanten) atomaren Ereignisse eintreten.
- **Partition contiguity:** Besteht ein Ereignisstrom aus verschiedenen Partitionen, so müssen die relevanten Ereignisse derselben Partition direkt aufeinander folgen, dazwischen dürfen nur atomare Ereignisse anderer Partitionen eintreten.
- **Skip till next match:** Zwischen den für ein Ereignismuster relevanten atomaren Ereignissen dürfen beliebig viele andere atomare Ereignisse eintreten. Jedes neue relevante atomare Ereignis wird zur aktuell abgearbeiteten Wiederholung hinzu genommen. Je nachdem, ob immer nur ein Mustererkenner laufen darf oder mehrere gleichzeitig ablaufen können, wird diese Strategie durch den Regular bzw. den Continuous Consumption Mode realisiert (Abschn. 4.2.5 bzw. Abschn. 4.2.3).
- **Skip till any match:** Zwischen den für ein Ereignismuster relevanten atomaren Ereignissen dürfen beliebig viele andere atomare Ereignisse eintreten. Spannen die relevanten atomaren Ereignisse einen Baum von möglichen Wiederholungsfolgen auf, dann werden durch das parallele Arbeiten von Mustererkennern alle zum Abschluss kommenden Wiederholungsfolgen berücksichtigt. Diese Strategie entspricht dem Unrestricted Consumption Mode (Abschn. 4.2.1).

In der SASE+-Anfrage der Abb. 6.14 wird eine Lebensmittel-Lieferkette (`Shipment`) überprüft. Tritt irgendwo eine Kontamination (Vergiftung) der Lebensmittel ein, so wird dies als Alarm-Ereignis (`Alert`) registriert und es werden 3 Stunden lang alle folgenden Stationen der Lieferkette mit Hilfe des Kleene-plus-Operators (+) erfasst und in einem Array `b[ ]` abgespeichert. `b[1]` ist der Ort, wo der Alarm ausgelöst wurde, die weiteren Einträge `b[i]` entsprechen den Folgestationen. Hat sich die Kontamination auf eine Station der Lieferkette fortgesetzt, so kann sie sich auf mehrere Nachfolgerstationen parallel ausbreiten, denn pro Station können mehrere Transportfahrzeuge zu verschiedenen Nachfolgerstationen fahren. Das bedeutet, die möglichen Wege, auf denen sich die Kontamination

```
PATTERN  SEQ(Alert a, Shipment+ b[])
WHERE    skip_till_any_match(a, b[]) {
         a.type = 'contaminated'
         ∧ b[1].from = a.site
         ∧ b[i].from = b[i-1].to }
WITHIN   3 hours
```

Abb. 6.14 Beispiel einer Anfrage in SASE+ mit einer Strategie für den Kleene+-Operator. (aus (Agrawal et al. 2008))

ausbreitet, spannen einen Baum von Transportwegen auf. Aus diesem Grund wird hier die Auswahlstrategie `skip_till_any_match` für den Kleene-plus-Operator angewendet, denn dadurch können alle Pfade von der Wurzel (Alarm-Ort) zu den Blättern des Baums der möglichen Fortsetzungsrouten registriert werden. Würde man statt dessen die Strategie `skip_till_next_match` anwenden, dann würde immer nur das als nächstes eintretende Ankunft-Ereignis an einer Nachfolgerstation berücksichtigt werden und als Resultat nur eine Route herausgearbeitet werden.

Zur Veranschaulichung des Problems der sich baumartig fortsetzenden Routen sei `b[i]` die aktuelle Station. Angenommen, von hier fahren zwei Transportfahrzeuge parallel zu zwei unterschiedlichen Nachfolgerstationen X und Y. Das Ankunft-Ereignis an X finde zu einem früheren Zeitpunkt statt als das Ankunft-Ereignis an Station Y. Die Strategie `skip_till_next_match` würde X als nächste Station `b[i+1]` wählen und würde die Station Y nicht berücksichtigen, denn sie würde nur ausgehend von X wieder die als nächstes angefahrene Station suchen.

Die Berücksichtigung aller sich baumartig verzweigenden Fortsetzungen kann als *nichtdeterministische* Fortsetzung bezeichnet werden. Deshalb bieten sich hier nichtdeterministische Automaten als Mustererkennungsalgorithmen an. In (Agrawal et al. 2008) wird eine spezielle Form solcher nichtdeterministischer Automaten eingesetzt, sogenannte *NFA^b-Automaten* (siehe Abschn. 7.2).

6.4 EP-SPARQL und ETALIS

SPARQL (SPARQL Protocol And RDF Query Language) ist ein Standard vom W3C für das Semantic Web basierend auf RDF *(Resource Description Framework)*. Die Grundlage von RDF bilden gerichtete markierte Graphen zur Darstellung von Information im Web (SPARQL 2015).

In (Anicic et al. 2011) wird die Sprache EP-SPARQL vorgestellt, die SPARQL um zusätzliche Konstrukte erweitert, um das CEP im Stil des logischen Programmierens durchführen

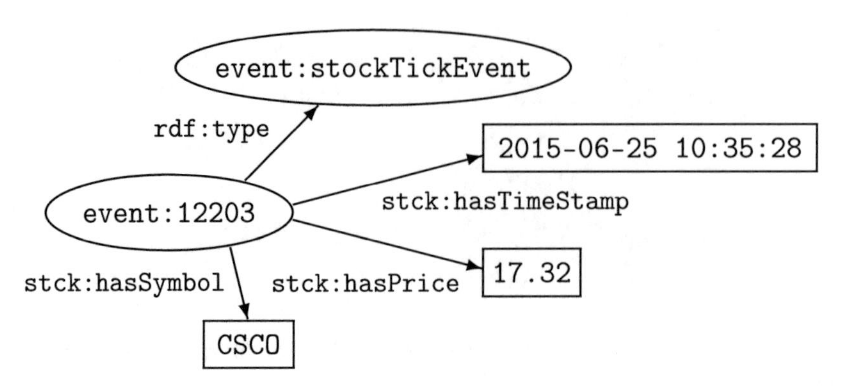

Abb. 6.15 Ein RDF-Graph für ein atomares Ereignis

zu können. Die dabei verarbeiteten Ereignisse sind jeweils im RDF-Format codiert. Für den Einsatz von EP-SPARQL als Anfragesprache wurde die Open-Source-Software ETALIS entwickelt (Event TrAnsaction Logic Inference System) (siehe (Anicic et al. 2011)).

Ein *RDF-Graph* ist eine Menge von Knoten und gerichteten markierten Kanten. Jede markierte Kante mit Ausgangs- und Zielknoten repräsentiert ein Tripel (Subjekt, Prädikat, Objekt). Das Prädikat ist die Markierung, die eine Relation zwischen Subjekt und Objekt ausdrückt. Abb. 6.15 zeigt, wie ein atomares Ereignis als RDF-Graph dargestellt werden kann.

In einem RDF-Graphen sind die Knoteninhalte der Subjekt- und Objekt-Knoten sowie die Prädikate normalerweise in Form von URIs (Uniform Resource Identifier) angegeben. Ein URI verweist entweder auf eine Position im Web durch `htpp:`, oder er dient als Identifizierungsmittel ohne Bezug auf eine vorhandene Webadresse unter Verwendung vorgegebener Namensräume wie `rdf:` oder selbst definierter Namensräume wie `event:`. Subjektknoten werden immer in eine Ellipse eingezeichnet, Objektknoten ebenfalls, wenn sie mit einem URI bezeichnet sind. Objektknoten können auch konstante Begriffe (Literale) als Inhalt haben, dann werden sie mit einem Rechteck umrahmt.

EP-SPARQL erweitert SPARQL um Möglichkeiten, Ereignisse, die als RDF-Tripel mit einem Zeitbezug dargestellt sind, anzufragen. In Abb. 6.16 ist eine typische Anfrage in EP-SPARQL dargestellt (nach (Anicic et al. 2011)).

Die in Abb. 6.16 formulierte Anfrage erkennt Firmen, deren Aktie innerhalb des Zeitraums von 30 Tagen zunächst einen Kursabfall von über 30 % aufweist, dann aber einen Zuwachs von mehr als 5 % verzeichnet. Die Länge des Zeitintervalls, das dem gesuchten Muster in der Where-Klausel (die dreifache Sequenz) zugeordnet ist, wird innerhalb des Filters mit dem Operator `getDURATION()` ermittelt. Die Zeitangabe `"P30D"^^xsd:duration` ist ein RDF-Literal mit dem XML-Schema-Datentyp (XSD) `xsd:duration`.

Möchte man den Anfangszeitpunkt und den Endzeitpunkt des Zeitintervalls, das einem komplexen Ereignis zugeordnet ist, zurückgeben, so stehen die Operatoren

```
SELECT  ?company
WHERE   { ?company hasPrice ?price1 }
        SEQ { ?company hasPrice ?price2 }
        SEQ { ?company hasPrice ?price3 }
FILTER  ( ?price2 < ?price1 * 0.7
         && ?price3 > ?price1 * 1.05
         && getDURATION() < "P30D"^^xsd:duration )
```

Abb. 6.16 Beispiel einer einer Anfrage in EP-SPARQL

`getSTARTTIME()` und `getENDTIME()` zur Verfügung, die jeweils einen Zeitstempel im Format `xsd:dateTime` liefern. Weiterhin gibt es Operatoren für Aggregationen bezogen auf gleitende Fenster.

ETALIS übersetzt eine EP-SPARQL-Anfrage in sogenannte Event-Driven Backward Chaining Rules (EDBC), mit denen Instanzen des in der Anfrage beschriebenen Ereignismusters gesucht werden (vgl. Abschn. 8.1). Die Anfragen sind an Ereignisströme gerichtet, die atomare Ereignisse in Form von RDF-Graphen zu der CEP Engine ETALIS schicken. Die RDF-Tripel $< s, p, o >$ müssen mit zwei Zeitstempeln versehen sein in der Form $<< s, p, o > t_1, t_2 >$. Die beiden Zeitstempel markieren den Startzeitpunkt und den Endzeitpunkt eines Ereignisses, bei atomaren Ereignissen sind beide Zeitstempel gleich. Bei der Umsetzung in eine EDBC werden die RDF-Tripel mit den beiden Zeitstempeln in Prädikate der Form $triple(s', p', o', T_1', T_2')$ transformiert. Die Zeitstempel werden entweder von der Quelle, beispielsweise von einem Sensor, vergeben oder ETALIS ermittelt sie und fügt sie hinzu. Eine detaillierte Beschreibung des Ausführungskonzepts von ETALIS findet sich in (Anicic et al. 2011).

Ein wichtiger Vorteil des regelbasierten Complex Event Processing besteht darin, dass Hintergrundwissen, das in Form von Fakten und Regeln in einer Wissensbasis abgespeichert ist, bei der Mustererkennung und bei der Entscheidungsfindung mit einbezogen werden kann. Ist das CEP-System wie ETALIS auf das RDF-Konzept ausgerichtet, so können Informationen aus dem gesamten Web für den Verarbeitungsprozess verwendet werden.

Literatur

Agrawal, J., Diao, Y., Gyllstrom D., & Immerman N. (2008). Efficient pattern matching over event streams. In J. T.-L. Wang (Hrsg.), *SIGMOD Conference*, (S. 147–160). ACM.

Anicic, D., Fodor, P., Rudolph S., & Stojanovic N. (2011). EP-SPARQL: A unified language for event processing and stream reasoning. In: *Proceedings of the 20th international conference on world wide web,* WWW '11, (S. 635–644). New York: ACM.

Arasu, A., Babu, S., & Widom, J. (2006). The CQL continuous query language: Semantic foundations and query execution. *The VLDB Journal*, *15*(2), 121–142.

Diao, Y., Immerman, N., & Gyllstrom, D. (2007). *Sase+: An Agile Language for Kleene closure over event streams*. Amherst: University of Massachusetts.

Eckert, M. (2008). *Complex event processing with XChangeEQ: Language design, formal semantics, and incremental evaluation for querying events*. Doktorarbeit, Universität München.

Esper. (2020). Homepage. http://www.espertech.com/esper/. Zugegriffen: 18. Febr. 2020.

EsperReference. (2016). http://www.espertech.com/esper/release-5.5.0/esper-reference/html/index.html. Zugegriffen: 18. Febr. 2020.

SPARQL. (2015). Homepage W3C. http://www.w3.org/TR/rdf-sparql-query/. Zugegriffen: 21. Nov. 2015.

7 Complex Event Processing Engines

Die Hauptaufgabe einer Complex Event Processing Engine ist das Herausarbeiten von Instanzen eines Ereignismusters aus einem oder mehreren Strömen von atomaren Ereignissen. Bei einfachen Ereignismustern fügt eine CEP Engine ausgewählte atomare Ereignisse sukzessive zu einer Instanz des gesuchten Ereignismusters zusammen. Bei schwierigen Mustern müssen oft aufwändige, teilweise parallel ablaufende Erkennungsalgorithmen ausgeführt werden.

Für den allgemeinen Fall macht man sich das Erkennen von Instanzen eines Ereignismusters am Besten als rekursiven Algorithmus klar.

Setzt sich ein Ereignismuster E aus Teilmustern zusammen, die durch einen Operator verknüpft sind, so wird auf jedes Teilmuster ein Erkennungsalgorithmus angesetzt (Rekursion). Die Erkennungsalgorithmen für die Teilmuster sind unabhängig voneinander und laufen parallel ab. Die Instanzen der Teilmuster werden anschließend zu einer Instanz von E zusammengefügt, wenn es die Semantik des Operators erlaubt. Im speziellen Fall ist ein Ereignismuster ein atomarer Ereignistyp (Rekursionsabbruch). Eine Instanz eines atomaren Ereignistyps wird jedesmal erkannt, wenn ein solches atomares Ereignis eintritt.

In diesem Kapitel wird zunächst der theoretische Hintergrund des algorithmischen Erkennens von komplexen Ereignissen aus der Sicht der Automatentheorie und der Theorie der formalen Sprachen dargestellt. Anschließend werden die für das Complex Event Processing wichtigsten Algorithmen-Modelle vorgestellt: endliche Automaten, erweiterte endliche Automaten (engl. extended finite state automaton), Visibly Pushdown Automata, gefärbte Petri-Netze und Event Detection Graphs. Ihren Einsatz demonstrieren wir mit Hilfe von relativ einfachen Ereignismustern, für die ein rekursiver Ansatz nicht notwendig ist. In einem rekursiv gestalteten Erkennungsalgorithmus müssen die Basisalgorithmen entsprechend parallel durchgeführt und aufeinander abgestimmt werden.

U. Hedtstück, *Complex Event Processing*,
https://doi.org/10.1007/978-3-662-61576-8_7

Tab. 7.1 Verfeinerte Chomsky-Hierarchie

Sprachklasse		**Automatenmodell**
Abzählbar		
Aufzählbar	(Typ-0)	Turingmaschine
Entscheidbar		
Kontextsensitiv	(Typ-1)	Linear beschränkter Automat
Kontextfrei	(Typ-2)	Nichtdeterministischer Kellerautomat
Deterministisch kontextfrei		*Deterministischer Kellerautomat*
Visibly-Pushdown Languages		*Visibly Pushdown Automaton*
Regulär	(Typ-3)	Endlicher Automat

7.1 Formale Sprachen und Automatentheorie

Die Theoretische Informatik mit den Spezialgebieten Formale Sprachen und Automatentheorie gibt einen theoretischen Rahmen vor, welche Sprachen mit Automaten (Algorithmen) erkannt werden können. Eine *formale Sprache* ist eine möglicherweise unendliche Menge von Wörtern über einem endlichen *Alphabet* (Menge von Symbolen). Das Erkennen einer Sprache wird definiert anhand der Menge der Wörter, für die ein Automat ein positives Ergebnis liefert. Die klassische *Chomsky-Hierarchie*[1] unterscheidet dabei vier Schwierigkeitsgrade. Die einfachsten Automaten sind die endlichen Automaten, die mächtigsten Automaten sind die Turingmaschinen[2], mit denen alle Sprachen erkannt werden können, bei denen dies prinzipiell möglich ist. In Tab. 7.1 ist eine verfeinerte Chomsky-Hierarchie dargestellt. (Zu Grundlagen der formalen Sprachen und Automatentheorie siehe z. B. (Hopcroft et al. 2002; Schöning 2008; Hedtstück 2012)).

Die regulären Sprachen können durch *endliche Automaten* (engl. *finite automaton*) erkannt werden, und die kontextfreien Sprachen durch *Kellerautomaten* (engl. *pushdown automaton*). Beide Automatenmodelle lesen ein eingegebenes Wort Zeichen für Zeichen, beginnend mit dem ersten Zeichen. Dies entspricht genau dem standardmäßigen Vorgehen bei der Bearbeitung einer Sequenz von Ereignissen (eines Ereignisstroms), denn ein Wort ist nichts anderes als eine Sequenz von Zeichen, die ohne Sequenzoperator formuliert wird.

Endliche Automaten können nur eine endliche Menge von Informationen in ihren Zuständen speichern (daher der Name „endlicher Automat“). Kellerautomaten erweitern das Prinzip der endlichen Automaten durch einen *Kellerspeicher* (auch *Keller* oder *Stapel* genannt, engl. *stack*), in dem unbeschränkt viele Informationen nach dem *LIFO*-Prinzip *(Last In First Out)* abgespeichert werden können.

[1]Noam Chomsky (*1928), US-amerikanischer Linguist.

[2]Alan Turing (1928–1954), britischer Mathematiker und Informatiker.

Turingmaschinen haben ebenfalls eine unbeschränkte Speichermöglichkeit und sie können auf einem Eingabewort beliebig hin- und herlaufen und es verändern, um zu einer Entscheidung zu kommen. Im Prinzip könnte eine solche Vorgehensweise bei der Erkennung von schwierigen Ereignismustern eingesetzt werden, allerdings wäre dies ein sehr aufwändiger Mechanismus, und bei Turingmaschinen ist es im Allgemeinen unentscheidbar, ob eine Eingabe ein Muster aufweist oder nicht.

Die Grenze zwischen entscheidbaren und unentscheidbaren Sprachen liegt oberhalb der kontextsensitiven Sprachen (siehe Tab. 7.1), deshalb können theoretisch alle kontextsensitiven Sprachen für das Complex Event Processing verwendet werden. Für den praktischen Einsatz muss jedoch der Aufwand, der bei der Erkennung eines Musters betrieben werden muss, berücksichtigt werden. Um eine einigermaßen effiziente Bearbeitung zu gewährleisten, beschränkt man sich in der praktischen Informatik auf solche kontextfreie Sprachen, die von einem deterministischen Kellerautomaten erkannt werden können.

Mit Kellerautomaten oder endlichen Automaten kann man das sequenzielle Abarbeiten eines Ereignisstroms realisieren. Allerdings muss bei den Standardmodellen dieser Automaten ein gesuchtes Muster ohne Zwischensymbole vorkommen, damit es akzeptiert wird. Das Überlesen von Zwischensymbolen kann man bei endlichen Automaten auf der Konzeptionsebene mit Hilfe der nichtdeterministischen Automatenvariante lösen. Deshalb werden hauptsächlich nichtdeterministische endliche Automaten im Complex Event Processing eingesetzt.

Eine für das Complex Event Processing interessante Erweiterung der regulären Sprachen sind die sogenannten *Visibly Pushdown Languages* (abgek. *VPL*), die vergleichbar günstige Abschluss- und Entscheidbarkeitseigenschaften aufweisen wie die regulären Sprachen. Mit dem zugehörigen Automatenkonzept der *Visibly Pushdown Automata (VPA)* können Ereignisse im XML-Format verarbeitet werden (Alur und Madhusudan 2004).

7.2 Complex-Event-Erkennung mit endlichen Automaten

Für endliche Automaten gibt es eine deterministische und eine nichtdeterministische Variante, beide Konzepte sind gleichmächtig. In Abb. 7.1 ist die Definition beider Varianten zusammengefasst (nach (Hedtstück 2012)).

Ein endlicher Automat liest ein eingegebenes Wort w, das aus Zeichen des Alphabets V besteht und eine endliche Länge hat, Zeichen für Zeichen (auf dem Papier von links nach rechts). Er startet im Anfangszustand auf dem ersten Zeichen von w. Durch die Überführungsfunktion bzw. Überführungsrelation wird vorgegeben, welche Zustände der Automat beim Lesen der Zeichen jeweils annimmt bzw. annehmen kann. In Abb. 7.2 ist das Prinzip eines endlichen Automaten dargestellt.

Mit V^* wird die Menge aller Wörter (mit endlicher Länge) über dem Alphabet V bezeichnet. Ein endlicher Automat M *akzeptiert* (oder *erkennt*) ein Wort $w \in V^*$, falls zwei Bedingungen erfüllt sind:

Definition: (Endlicher Automat)

Ein *deterministischer endlicher Automat* ist ein 5-tupel $M = (Z, V, \delta, q_M, F)$ mit

1. Z, V sind endliche, nichtleere, disjunkte Mengen.
   Z heißt *Zustandsmenge*, V heißt das *Eingabealphabet.*
2. $\delta : Z \times V \to Z$, δ heißt *Überführungsfunktion.*
   δ ist i. A. partiell, es muss nicht für jedes Paar $(q, a) \in Z \times V$ definiert sein.
3. $q_M \in Z$, q_M heißt der *Anfangszustand.*
4. $F \subseteq Z$, F heißt die *Menge der Endzustände.* Ein Endzustand wird auch als *akzeptierender Zustand* bezeichnet.

Ein endlicher Automat $M = (Z, V, \delta, q_M, F)$, bei dem δ statt einer Funktion eine Relation ist, ist ein *nichtdeterministischer endlicher Automat*. Anstatt 2. gilt dann

2.' $\delta \subseteq Z \times V \times Z$, δ heißt *Überführungsrelation.*

Abb. 7.1 Definition Endlicher Automat

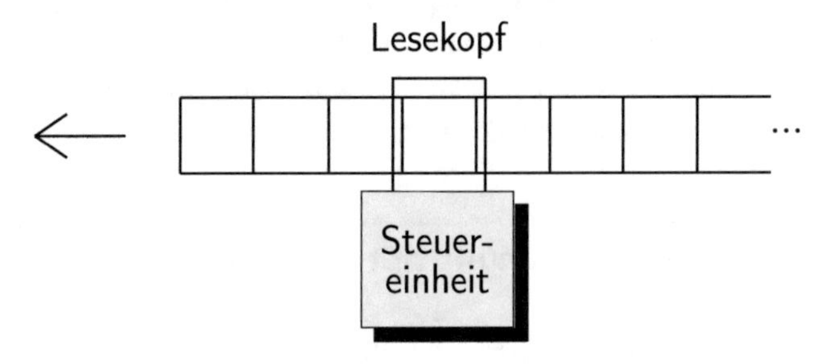

Abb. 7.2 Das Prinzip des endlichen Automaten

1. M hat das Wort w vollständig gelesen,
2. M hat einen Endzustand angenommen.

Es kann Situationen geben, in denen ein endlicher Automat mitten in einem Eingabewort stehen bleibt, wenn nämlich δ für ein Paar (q, a) keine Anweisung enthält. Dann kann es vorkommen, dass der Automat in einem Endzustand stoppt, ohne das Wort vollständig gelesen zu haben. In diesem Fall akzeptiert der Automat das Eingabewort nicht.

Bei einem deterministischen endlichen Automaten ist der Ablauf eindeutig vorgegeben, bei einem nichtdeterministischen endlichen Automaten kann es mehrere mögliche Abläufe geben. Ein nichtdeterministischer endlicher Automat akzeptiert ein Eingabewort, wenn es mindestens einen erfolgreichen Verlauf gibt, der nach dem vollständigen Lesen des Worts einen Endzustand erreicht hat.

Die von einem endlichen Automaten *akzeptierte* (oder *erkannte*) *Sprache* $T(M)$ ist die Menge aller Wörter $w \in V^*$, die der Automat akzeptiert (erkennt).

Die Konzepte deterministischer endlicher Automat und nichtdeterministischer endlicher Automat sind gleichmächtig, da einerseits jeder deterministische endliche Automat ein spezieller nichtdeterministischer endlicher Automat ist, und andererseits gibt es einen Algorithmus, der jeden nichtdeterministischen endlichen Automaten in einen deterministischen endlichen Automaten, der dieselbe Sprache akzeptiert, umwandeln kann.

Endliche Automaten können grafisch mit Hilfe von *Zustandsdiagrammen* dargestellt werden. Ein Zustandsdiagramm ist ein gerichteter Graph, bei dem die Knoten die Zustände repräsentieren und die gerichteten Kanten die Übergänge, die durch die Überführungsfunktion bzw. Überführungsrelation δ vorgegeben sind. Der Anfangszustand wird durch einen Start-Pfeil gekennzeichnet, Endzustände werden mit doppelten Kreisen gezeichnet.

Abb. 7.3 zeigt links einen nichtdeterministischen und rechts einen deterministischen endlichen Automaten, die jeweils die Sprache $\{w \mid w$ ist ein Wort über dem Alphabet $V = \{0, 1\}$ und w hat an vorletzter Stelle das Zeichen $0\}$ erkennen.

Im Folgenden betrachten wir speziell auf das CEP ausgerichtete deterministische oder nichtdeterministische endliche Automaten $M = (Z, V, \delta, q_M, F)$, die auf einen unbegrenzten Strom von atomaren Ereignissen angesetzt werden. Das Eingabealphabet V besteht aus der Menge der möglichen Ereignistypen, für die wir die Großbuchstaben $\{A, B, C, ..., Z\}$ verwenden. Zur Darstellung der Ereignisströme verwenden wir für die eintreffenden atomaren Ereignisse indizierte Kleinbuchstaben des zugehörigen Ereignistyps, damit unterschiedliche Instanzen eines gesuchten Ereignismusters unterschieden werden können. Die Zuordnung eines eintreffenden atomaren Ereignisses zu einem Ereignistyp erfolgt durch einen Präprozessor.

Ein solcher endlicher Automat wird gestartet, sobald der Präprozessor ein Initiator-Ereignis identifiziert hat. Der endliche Automat liest jedes eintreffende atomare Ereignis und durchläuft eine durch δ und die Typen der atomaren Ereignisse bestimmte Zustandsfolge. Die Überführungsfunktion bzw. Überführungsrelation muss so gewählt werden, dass

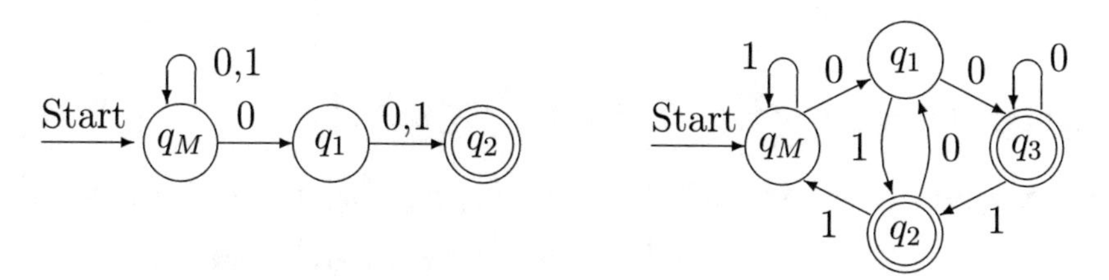

Abb. 7.3 Ein nichtdeterministischer (links) und ein deterministischer endlicher Automat (rechts) für dieselbe Sprache

der Automat nur dann in einen Endzustand gerät, wenn er ein Detektor-Ereignis gelesen hat und somit eine Instanz des gesuchten Ereignismusters erkannt hat. Dann kann der Automat gestoppt werden oder man lässt ihn weiterlaufen, um mit weiteren Detektor-Ereignissen weitere Instanzen des gesuchten Musters zu finden. Für manche Event Consumption Modes ist es erforderlich, dass für jedes Initiator-Ereignis eine neue Kopie des Automaten gestartet wird, sodass gegebenenfalls mehrere Kopien des Automaten gleichzeitig ablaufen.

Das Beispiel in Abb. 7.4 stellt einen deterministischen endlichen Automaten dar, der direkt aufeinanderfolgende Sequenzen gemäß dem Muster A; B; C erkennt.

Für jedes eintreffende atomare Ereignis vom Typ A, also für jedes Initiator-Ereignis, wird eine Kopie des Automaten gestartet. Ist das direkt nachfolgende atomare Ereignis nicht vom Typ B, so stoppt der Automat in einem vom Endzustand verschiedenen Zustand. Dasselbe geschieht, wenn nach einer gelesenen AB-Sequenz kein Detektor-Ereignis des Typs C folgt. Erreicht einer dieser Automaten nach dem Lesen einer ABC-Sequenz den Endzustand, so hat er eine Instanz des gesuchten Musters gefunden und stoppt.

Abb. 7.5 zeigt einen nichtdeterministischen endlichen Automaten, der Sequenzen gemäß dem Muster A; B; C mit möglichen Zwischensymbolen erkennt.

Das Stern-Symbol $*$ als Markierung eines Pfeils in einem Zustandsdiagramm ist ein Wildcard-Zeichen und steht stellvertretend für ein beliebiges Symbol des Alphabets V. Oftmals werden beim CEP Schleifen mit einer Stern-Markierung bzw. einer Variante der

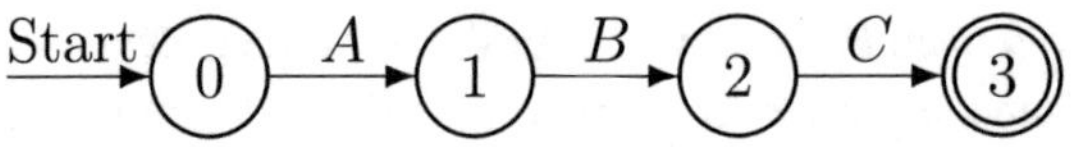

Start 0 A 1 B 2 C 3

Ereignisstrom: $a_1, d_1, b_1, a_2, b_2, c_1, a_3, c_2, d_2, a_4, b_3, c_3$

Lösungen: $\{a_2, b_2, c_1\}$, $\{a_4, b_3, c_3\}$.

Abb. 7.4 Ein deterministischer endlicher Automat für A; B; C

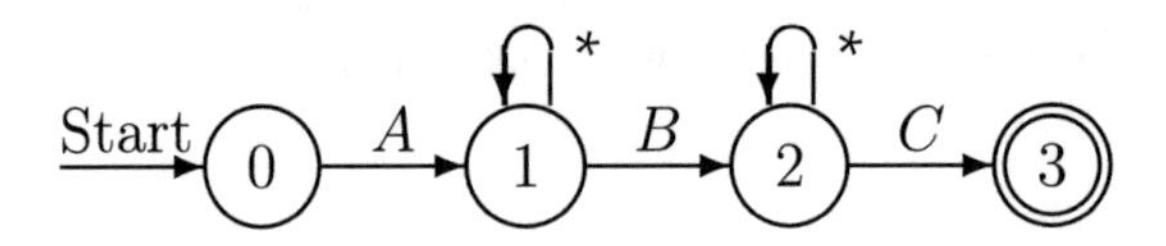

Ereignisstrom: $a_1, d_1, b_1, a_2, c_1, b_2, c_2, d_2, c_3$

Lösungen für a_1: **für** b_1: $\{a_1, b_1, c_1\}$, $\{a_1, b_1, c_2\}$, $\{a_1, b_1, c_3\}$.
für b_2: $\{a_1, b_2, c_2\}$, $\{a_1, b_2, c_3\}$.
für a_2: **für** b_2: $\{a_2, b_2, c_2\}$, $\{a_2, b_2, c_3\}$.

Abb. 7.5 Ein nichtdeterministischer endlicher Automat für A; B; C

Stern-Markierung verwendet, die von einem Zustand direkt wieder in denselben Zustand zurückführen. Auf diese Weise werden irrelevante atomare Ereignisse ignoriert. Die von einem solchen Automaten erkannten Wörter, also Instanzen von Ereignismustern, werden dann so definiert, dass die irrelevanten Symbole nicht Bestandteil des Wortes sind, was eine Abänderung des Prinzips des Erkennens von Wörtern der klassischen Automatentheorie bedeutet.

Der Automat der Abb. 7.5 akzeptiert alle endlichen Folgen $e_1 e_2 e_3 \ldots e_n$ $(n \geq 3)$ von atomaren Ereignissen, die mit einem Initiator-Ereignis des Typs A beginnen, mit einem Detektor-Ereignis des Typs C enden und dazwischen mindestens ein atomares Ereignis des Typs B enthalten. Lässt man die Symbole, die in einer $*$-Schleife gelesen werden, weg, so erhält man die in der Abbildung angegebenen Lösungen.

In einem nichtdeterministischen endlichen Automaten kann es Situationen geben, in denen es mehr als eine Möglichkeit gibt, auf ein Eingabezeichen zu reagieren. Bei dem Automaten in Abb. 7.5 ist dies z. B. der Fall, wenn im Zustand 1 ein atomares Ereignis des Typs B eintritt. Dann kann der Automat in den Zustand 2 übergehen, oder er kann die Schleife durchlaufen zurück in den Zustand 1. Eine vergleichbare Situation entsteht, wenn im Zustand 2 ein atomares Ereignis des Typs C eintritt.

Die möglichen Fortsetzungen des Ablaufs in einem nichtdeterministischen endlichen Automaten spannen einen Baum auf. Für die Menge der erkannten Instanzen eines gesuchten Ereignismusters müssen alle möglichen Abläufe berücksichgt werden, die in einem Endzustand enden. Das gleichzeitige Ablaufen mehrerer Kopien eines endlichen Automaten kann z. B. mit einem Konzept für das parallele Ablaufen von Routinen oder Threads implementiert werden oder durch geeignete Backtracking-Verfahren.

In (Wu et al. 2006) wird beschrieben, wie mit Hilfe eines Laufzeit-Stacks, in dem der aktuelle Zustand zusammen mit Verweisen auf die Vorgängerzustände abgespeichert wird, alle möglichen Abläufe protokolliert werden. Aus diesem Stack kann jede Instanz des gesuchten Ereignismusters in Form eines gerichteten azyklischen Graphen (engl. Directed Acyclic Graph, DAG) herausgearbeitet werden.

Schließt man in dem endlichen Automaten der Abb. 7.5 in den mit dem Stern markierten Schleifen das anschließend gesuchte Symbol aus, so erhält man einen deterministischen endlichen Automaten. Dies kann man grafisch darstellen, indem man anstatt des Sterns die Markierung $V \backslash \{B\}$ bei Zustand 1 bzw. $V \backslash \{C\}$ bei Zustand 2 verwendet (Abb. 7.6). V ist dabei das Alphabet aller Symbole.

Es gibt Darstellungen für Automaten, bei denen solche Schleifen mit einer aussagekräftigen Markierung wie „ignore“ versehen werden (wie z. B. in (Agrawal et al. 2008)). Damit wird deutlich gemacht, dass die Symbole, die beim Durchlaufen der Schleife gelesen werden, nicht zu einer Lösung hinzugenommen werden.

Der deterministische endliche Automat der Abb. 7.6 würde in dem angegebenen Eingangsstrom nur die Lösungen $\{a_1, b_1, c_1\}$ und $\{a_2, b_2, c_2\}$ finden. Es wird zu jedem Initiator-Ereignis immer das erste gefundene innere Ereignis gewählt bis ein Detektor-Ereignis gefunden wird. Dies entspricht einer Auswahl gemäß dem Continuous Consumption Mode.

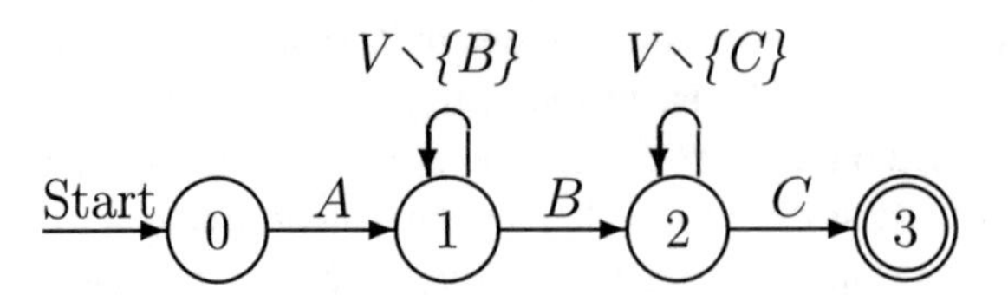

Ereignisstrom: $a_1, d_1, b_1, a_2, c_1, b_2, c_2, d_2, c_3$

Lösungen **für** a_1**:** $\{a_1, b_1, c_1\}$.
für a_2**:** $\{a_2, b_2, c_2\}$.

Abb. 7.6 Ein deterministischer endlicher Automat für A; B; C mit Zwischen-Ereignissen

Mit einer Schleife können auch Muster mit einer Negation modelliert werden. In Abb. 7.7 ist ein deterministischer endlicher Automat dargestellt, der das Muster A; $\neg B$; C erkennt. Man beachte, dass dieser Automat im Zustand 1 stoppt, wenn nach einem A-Ereignis ein B-Ereignis eintritt, bevor ein C-Ereignis eingetreten ist. Da der Zustand 1 kein Endzustand ist, führt dieser Ablauf nicht zum Erfolg.

In Abb. 7.8 wird dargestellt, wie mit Hilfe einer Alternative die Erkennung einer Konjunktion realisiert wird, wobei Zwischenereignisse nicht zugelassen sind.

Da bei einer Konjunktion die Reihenfolge keine Rolle spielt, werden beide Reihenfolge-Alternativen durch getrennte Pfade realisiert.

Wollte man Zwischenereignisse zulassen, müsste man an die Zustände 1, 2, 3 und 4 jeweils eine Schleife für die möglichen Zwischenereignisse hinzufügen.

Endliche Automaten erkennen reguläre Sprachen, die man mit *regulären Ausdrücken* (engl. *regular expression*) gemäß der in Abb. 7.9 dargestellten Definition (nach (Hedtstück 2012)) beschreiben kann.

Für die Strukturierung bei der verschachtelten Anwendung von Operatoren werden runde Klammern verwendet. Für die maschinelle Lesbarkeit wird der Stern auf die normale Ebene gesetzt in der Form $\alpha*$. Zu den in der Definition genannten Operatoren gibt es weitere Operatoren, die aber nicht notwendig sind, sondern als Abkürzung dienen. Im Folgenden wird die Abkürzung $\alpha+$ für das mindestens einmalige Wiederholen verwendet.

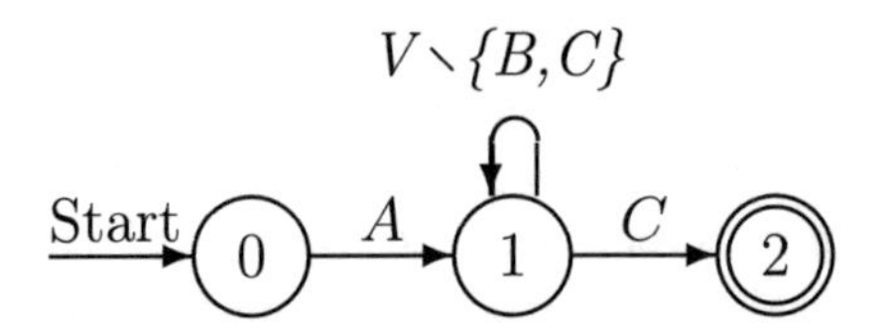

Abb. 7.7 Ein deterministischer endlicher Automat für A; $\neg B$; C

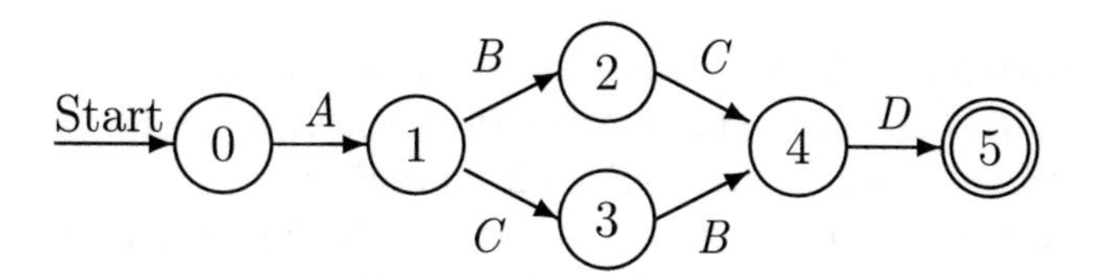

Abb. 7.8 Ein deterministischer endlicher Automat für $A\,;(B \wedge C)\,;D$

Definition: (Regulärer Ausdruck)

Sei V ein Alphabet, $\varnothing$ ist die leere Menge, ε ist das Leerwort.

1. $\varnothing$ ist ein regulärer Ausdruck für die Sprache $L(\varnothing) = \varnothing$.
2. ε ist ein regulärer Ausdruck für die Sprache $L(\varepsilon) = \{\varepsilon\}$.
3. Für jedes $a \in V$ ist a ein regulärer Ausdruck für die Sprache $L(a) = \{a\}$.
4. Seien α und β reguläre Ausdrücke für die Sprachen $L(\alpha)$ bzw. $L(\beta)$. Dann sind auch die folgenden Ausdrücke reguläre Ausdrücke:

$\alpha \,|\, \beta$ *Alternative*, es gilt $L(\alpha \,|\, \beta) = L(\alpha) \cup L(\beta) = \{x \mid x \in L(\alpha) \textit{ oder } x \in L(\beta)\}$.
Der |-Operator heißt *Alternativenbildung*, man liest: α *oder* β.

$\alpha\beta$ *Sequenz*, es gilt $L(\alpha\beta) = L(\alpha)L(\beta) = \{xy \mid x \in L(\alpha) \textit{ und } y \in L(\beta)\}$.
Für den Sequenz-Operator wird kein Symbol verwendet, er heißt auch *Verkettung*.

α^* *Wiederholung*, es gilt $L(\alpha^*) = (L(\alpha))^* = \{\varepsilon\} \cup L(\alpha) \cup (L(\alpha))^2 \cup (L(\alpha))^3 \cup \ldots = \{x_1 \ldots x_n \mid x_i \in L(\alpha)\ (i = 1, \ldots, n),\ n \in I\!N\}$.
Der *-Operator (*Kleene Star*) bezeichnet die *Verkettungshülle* oder den *Kleene-Abschluss*.

Abb. 7.9 Definition reguläre Ausdrücke

Abb. 7.10 zeigt einen endlichen Automaten, der ein Ereignismuster, das mit dem regulären Ausdruck $A(BC{*}A \mid C)$ beschrieben ist, erkennt. Die Alternative wirkt hier wie ein exklusives Oder, das der Interpretation (a) aus Abschn. 5.2.3 entspricht.

Der endliche Automat aus Abb. 7.10 zeigt, wie man die Grundoperationen von regulären Ausdrücken Alternative, Sequenz und Wiederholung mit endlichen Automaten modellieren kann.

Ein Nachteil von regulären Ausdrücken bei der Verwendung im Complex Event Processing besteht darin, dass Attribute von Ereignissen mit Zahlenwerten nicht überprüft werden können. Deshalb orientiert man sich bei der praktischen Implementierung von Mustererkennungsalgorithmen zwar an theoretischen Automatenmodellen, jedoch werden sie meist um programmiertechnisch einfache Mechanismen und Speicher ergänzt.

Als Beispiel wollen wir ein Verfahren vorstellen, das in einem Strom von atomaren Ereignissen, die die Kursveränderungen einer Aktie abbilden, das in Abschn. 1.4 vorgestellte V-Muster erkennt (Abb. 7.11).

In einem ersten Schritt werden die Ereignisse durch einen Präprozessor so aufbereitet, dass sie anschließend von einem endlichen Automaten verarbeitet werden können. Der Präprozessor wandelt den Strom der atomaren Ereignisse in einen Strom von neuen Typsymbolen aus der Menge $\{A, B, C, D, N\}$ um. Er verfügt über einen Speicher, in dem er den jeweils vorigen Kurs abspeichern kann *(KursAlt),* und zusätzlich zum Typ A den jeweils letzten Kurs ($last(A).Kurs$). Die neuen Symbole haben die folgende Bedeutung:

A: Ein Kurs mit $Kurs > KursAlt$.

B: Ein Kurs mit $Kurs < KursAlt \wedge Kurs < last(A).Kurs$.

C: Ein Kurs mit $Kurs > KursAlt \wedge Kurs \leq last(A).Kurs$.

D: Ein Kurs mit $Kurs > KursAlt \wedge Kurs > last(A).Kurs$.

N: Der Kurs spielt keine Rolle für das zu erkennende Muster.

Abb. 7.12 zeigt ein V-Muster mit atomaren Ereignissen gemäß der Sequenz $ABBBCDD$.

Jedes V-Muster wird durch den folgenden regulären Ausdruck repräsentiert:

$$AB{+}C{*}D{+}$$

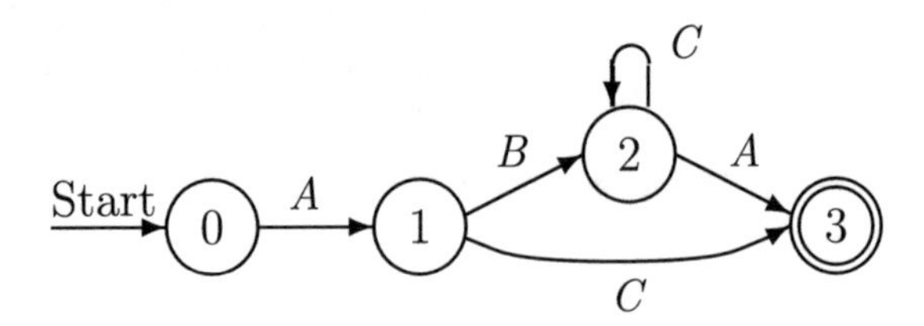

Abb. 7.10 Ein deterministischer endlicher Automat für $A(BC{*}A \mid C)$

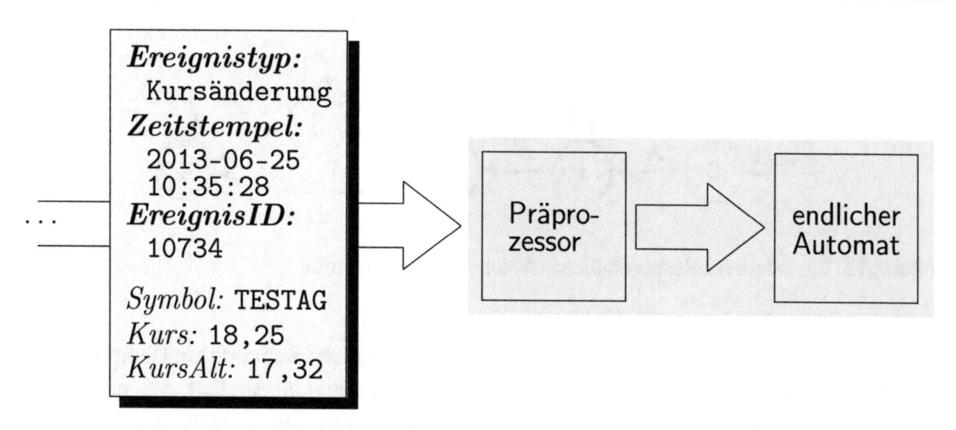

Abb. 7.11 Bearbeitung eines Ereignisstroms durch einen Präprozessor mit anschließender Analyse durch einen endlichen Automaten

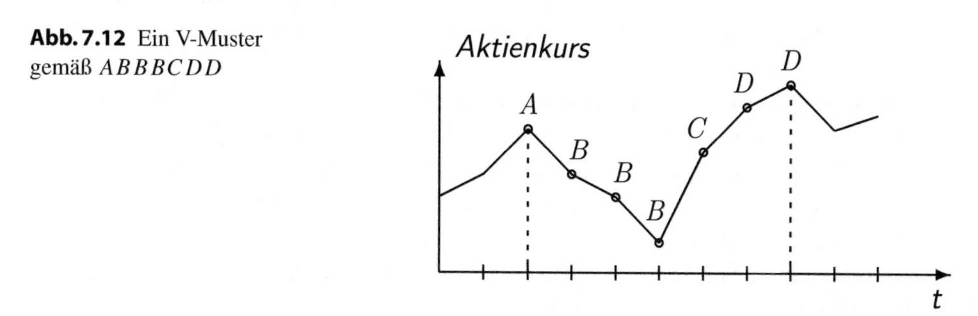

Abb. 7.12 Ein V-Muster gemäß $ABBBCDD$

Wenn der Kurs zu Beginn fällt oder gleich bleibt, erhalten die zugehörigen Ereignisse durch den Präprozessor jeweils den Typ N. Zu Beginn ist $last(A).Kurs = 0$. Dadurch kann bei fallendem Kurs in der Anfangsphase noch nicht der Typ B vergeben werden. Steigt der Kurs gegenüber dem Vortag an, vergibt der Präprozessor den Typ A und startet den endlichen Automaten. Der Typ A wird dann allen direkt anschließenden Ereignissen zugeordnet, bei denen der Kurs jeweils höher ist als der vorherige Kurs. Fällt der Kurs nach einem A echt ab, dann wird solange der Typ B vergeben, bis er wieder ansteigt. Nachdem mindestens einmal ein B vergeben wurde, wird bei ansteigendem Kurs kein A mehr vergeben, sondern entweder der Typ C oder D.

Wenn der Präprozessor mindestens ein B vergeben hat und es ihm nicht gelingt, eine begonnene Abfolge von A-, B-, C-, D-Ereignissen zu einem Muster gemäß $AB{+}C{*}D{+}$ fortzusetzen, wobei der Typ C entfallen kann, dann vergibt er den neutralen Typ N. Dies ist insbesondere dann der Fall, wenn der aktuelle Kurs gleich dem vorherigen Kurs ist. Nach einem N versucht der Präprozessor von Neuem, wieder den Typ A zu vergeben.

Immer wenn der Präprozessor das erste A vergibt, dann startet er den deterministischen endlichen Automaten aus Abb. 7.13, der als Akzeptor für den regulären Ausdruck $AB{+}C{*}D{+}$ realisiert ist, von neuem.

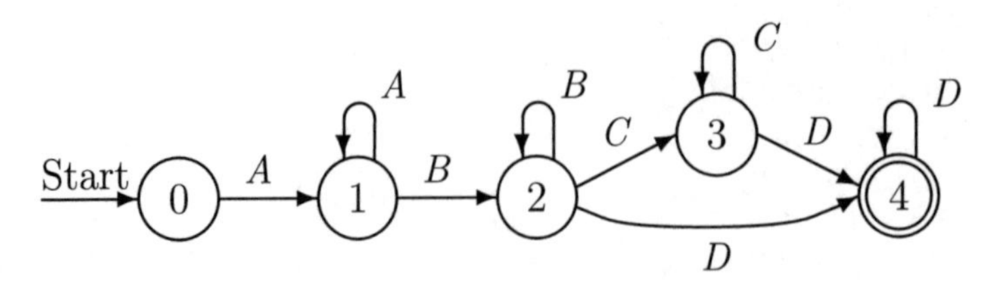

Abb. 7.13 Ein deterministischer endlicher Automat für das V-Muster

Man beachte, dass in den Zuständen nicht für jede mögliche Situation ein Übergang existiert. Beispielsweise gibt es für den Zustand 2 keinen Übergang für den Fall, dass der nächste Kurs gleich dem vorherigen Kurs ist. Der Präprozessor vergibt dann den Wert *N*. Geschieht dies in einem Zustand, der kein Endzustand ist, dann wird der Automat abgebrochen, denn er enthält keine Übergänge für *N*. Erreicht der Automat den Endzustand, so akzeptiert er noch alle direkt anschließenden *D*-Werte. Falls dann ein *N*-Wert kommt, bricht der Automat mit positivem Ergebnis ab.

Der bisher beschriebene Algorithmus erkennt das erste vorkommende V-Muster. Sollen alle V-Muster erkannt werden, dann muss auch für die Anstiegsphase der Typen *C* und *D* ein paralleler Automat gestartet werden, denn das letzte Ereignis dieser Anstiegsphase kann ein lokales Maximum sein, mit dem das nächste V-Muster beginnt.

Wenn man in der Abstiegsphase oder in der anschließenden Anstiegsphase auch zulassen will, dass der Kurs gleich dem vorherigen Kurs ist, dann muss man die Regeln für die Vergabe der Ereignistypen entsprechend abändern.

Die Aufbereitung durch den Präprozessor des V-Muster-Beispiels kann auch in den Automaten integriert werden. In (Agrawal et al. 2008) wird ein Ansatz in Form von sogenannten *NFA^b-Automaten* (nondeterministic finite automaton with a match buffer) beschrieben, bei dem die Überprüfungen des Präprozessors in Form von geeigneten Anfragen der Sprache SASE+ (vgl. Abschn. 6.3) den Zustandsübergängen eines nichtdeterministischen endlichen Automaten zugeordnet sind. Die Anfragen können insbesondere Aggregationsfunktionen beinhalten. Der Puffer dient zur Realisierung geeigneter Auswahlstrategien für die Ereignisse.

In einem NFA^b-Automaten würden z. B. die Übergänge aus dem Zustand 2 des Automaten der Abb. 7.13 wie in Abb. 7.14 dargestellt aussehen.

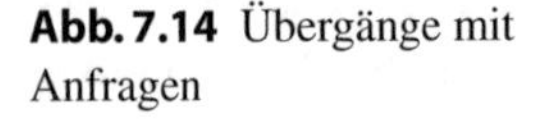
Abb. 7.14 Übergänge mit Anfragen

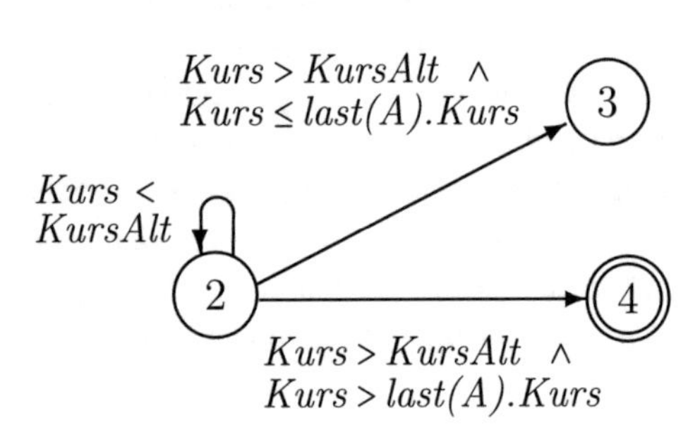

Da ein Zustandsübergang eines NFA^b-Automaten von theoretisch unendlich vielen möglichen Anfragen und Anfrage-Ergebnissen abhängen kann (z. B. gibt es theoretisch unbeschränkt große Kurswerte für eine Aktie), sind NFA^b-Automaten keine endlichen Automaten im Sinne der Automatentheorie, bei denen das Eingabealphabet immer endlich sein muss. Tatsächlich ist die Menge der regulären Sprachen echt enthalten in der Menge der Sprachen, die von NFA^b-Automaten erkannt werden (Gyllstrom et al. 2008).

Die in (Demers et al. 2007) beschriebenen *Cayuga-Automaten* basieren auf einem ähnlichen Prinzip wie die NFA^b-Automaten.

7.3 Visibly Pushdown Automata

Das Automatenkonzept des *Visibly Pushdown Automaton (VPA)*, das zwischen endlichen Automaten und deterministischen Kellerautomaten einzuordnen ist, wurde in (Alur und Madhusudan 2004) zur effizienten Verarbeitung von regulären Ausdrücken, die mit einer Klammerstruktur versehen sind, vorgestellt. In Abb. 7.15 ist die Definition dieses Automatenmodells dargestellt.

Beim Complex-Event-Processing werden VPA eingesetzt, wenn die Ereignisse als XML-Daten codiert sind und in Form eines Stroms bei dem CEP-System eintreffen. Im Wesentlichen überprüft ein VPA mit Hilfe eines Stacks die korrekte Klammerung durch XML-Tags und bearbeitet die regulären Ausdrücke, mit denen zwischen den XML-Tags die Inhalte repräsentiert sind, im Stil eines endlichen Automaten.

Visibly Pushdown Automata sind einfacher als allgemeine Kellerautomaten und können effizienter implementiert werden. Insbesondere können auf der konzeptionellen Ebene nichtdeterministische VPA verwendet werden, denn im Gegensatz zu allgemeinen Kellerautomaten ist das nichtdeterministische Konzept für VPA gleichmächtig zum deterministischen Konzept.

Die durch Visibly Pushdown Automata akzeptierten Sprachen bilden die Klasse der *Visibly Pushdown Languages*. Die Sprachklasse der Visibly Pushdown Languages hat dieselben Abschlusseigenschaften wie die Sprachklasse der regulären Sprachen, beide Sprachklassen sind abgeschlossen unter Komplementbildung, Verkettung, Kleene-Star, Vereinigung und Durchschnitt. Die Sprachklasse der deterministisch kontextfreien Sprachen ist nicht abgeschlossen unter Vereinigung und Durchschnitt, weshalb die Verarbeitung deterministisch kontextfreier Sprachen wesentlich schwieriger ist.

Bei einem Visibly Pushdown Automaton gibt es drei Sorten von Eingabesymbolen: Call-Symbole, Return-Symbole und interne Symbole. Zu jedem Typ der Eingabesymbole gibt es eine spezifische Klasse von Anweisungen. Liest der Automat ein Call-Symbol (vergleichbar einer öffnenden Klammer oder einem öffnenden Tag in XML), so wird ein zum Eingabesymbol passendes Symbol in den Stack gespeichert (push). Liest der Automat ein Return-Symbol (schließende Klammer, schließendes Tag), so wird das oberste Kellerzeichen gelöscht, falls

Definition: (Visibly Pushdown Automaton)

Ein *Visibly Pushdown Automaton* ist ein 7-tupel
$M = (Z, V, U, \delta, q_M, K_M, F)$ mit

1. Z, V, U sind endliche, nichtleere, paarweise disjunkte Mengen.
   Z heißt *Zustandsmenge*, V heißt das *Eingabealphabet*,
   U heißt das *Kelleralphabet*.
2. $V = V_c \cup V_r \cup V_i$.
   V_c ist das Alphabet der *Call-Symbole*,
   V_r ist das Alphabet der *Return-Symbole*,
   V_i ist das Alphabet der *internen Symbole*.
3. $\delta = < \delta_c, \delta_r, \delta_i >$ mit
   push: $\delta_c \subseteq Z \times V_c \times Z \times (U \setminus \{K_M\})$
   pop: $\delta_r \subseteq Z \times V_r \times U \times Z$
   intern: $\delta_i \subseteq Z \times V_i \times Z$
   δ_c, δ_r, δ_i endlich, δ heißt *Überführungsrelation*,
   die Elemente aus $\delta_c, \delta_r, \delta_i$ heißen *Anweisungen*.
4. $q_M \in Z$, q_M heißt der *Anfangszustand*.
5. $K_M \in U$, K_M heißt das *Anfangskellerzeichen*.
6. $F \subseteq Z$, F heißt die *Menge der Endzustände*.

Abb. 7.15 Definition Visibly Pushdown Automaton

es zum Eingabesymbol passt (pop). Interne Symbole haben keinen Einfluss auf den Stack, sondern nur auf den Zustand.

Die Bezeichnung Visibly Pushdown Automaton soll deutlich machen, dass die Stackveränderungen nur von auf dem Eingabeband stehenden „sichtbaren" Symbolen verursacht werden.

Die Sprache $\{a^n b^n \mid n \geq 1\}$ kann von einem deterministischen Kellerautomaten erkannt werden. Diese Sprache kann nur dann von einem Visibly Pushdown Automaton erkannt werden, wenn a ein Call-Symbol und b ein Return-Symbol ist. Auch die Sprache $\{a^n b a^n \mid n \geq 1\}$ kann von einem deterministischen Kellerautomaten erkannt werden, mit einem Visibly Pushdown Automaton ist dies nicht möglich. Dieses Beispiel macht deutlich, dass nicht alle kontextfreien Sprachen von einem Visibly Pushdown Automaton erkannt werden können.

7.4 Complex-Event-Erkennung mit Petri-Netzen

Ein ähnlicher Ansatz zur Mustererkennung wie endliche Automaten sind Petri-Netze[3], die man ebenfalls als gerichtete Graphen darstellen kann. Durch eine Muster-spezifische Gestaltung der Ablauflogik kann in einem durch das Netz fließenden Strom von atomaren Ereignissen ein komplexes Ereignis erkannt werden.

In Abb. 7.16 ist ein Petri-Netz dargestellt, das in einem eintreffenden Ereignisstrom Instanzen des Sequenz-Musters $A; B$ erkennt und als Ergebnis ausgibt (aus (Gatziu und Dittrich 1993)).

Ein *Petri-Netz* ist ein endlicher zusammenhängender gerichteter Graph mit zwei Sorten von Knoten: *Stellen* (gezeichnet als Kreis) und *Transitionen* (gezeichnet als Rechteck). Auf eine Stelle folgen immer eine oder mehrere Transitionen, und auf eine Transition folgen immer eine oder mehrere Stellen.

Ein Petri-Netz repräsentiert die Ablauflogik eines Prozesses, dessen Dynamik durch das Bewegen von Marken durch das Petri-Netz modelliert wird. Das Bewegen von einer Stelle zu einer nachfolgenden Stelle wird durch die dazwischenliegende Transition veranlasst. Eine solche Aktion wird als *schalten* bezeichnet (auch *feuern* genannt). Eine Stelle kann mehrere Marken enthalten. Eine Transition ist *aktiviert (schaltbereit),* wenn jede der Eingabestellen mindestens eine Marke besitzt. Pro Schalttakt schaltet immer nur eine Transition, dabei wird von jeder Eingabestelle eine Marke entfernt, und jeder Ausgabestelle wird eine Marke hinzugefügt. Die Beschreibung der Dynamik eines Prozesses mit Hilfe von beweglichen Marken wird als *Tokensemantik* bezeichnet. (Für eine ausführliche Beschreibung von Petri-Netzen siehe (Reisig 2010)).

Wenn in der Situation, die durch das Petri-Netz der Abb. 7.16 dargestellt ist, das erste Ereignis b_1 des angegebenen Ereignisstroms als Marke in der Stelle B eintrifft, so hat die nachfolgende Transition auf beiden Eingabestellen eine Marke und schaltet. Beide Marken werden entfernt und es wird eine Marke wieder in die Stelle X eingefügt. Dies bedeutet, dass sich durch das Lesen des Ereignisses b_1 der Zustand des Petri-Netzes nicht verändert und b_1 wie gewünscht ignoriert wird bei der Mustererkennung.

Das Erkennen der ersten Lösung ist in Abb. 7.17 dargestellt. Um die Skizze übersichtlich zu gestalten, wurden die Bezeichnungen X und A' nur in der ersten Version des Petri-Netzes eingefügt. Ist eine Transition mit einem Haken gekennzeichnet, so ist sie aktiviert.

Trifft a_1 bei A ein (1), so schaltet die nachfolgende Transition und legt die zu a_1 gehörige Marke in der Stelle A' ab, die als Zwischenspeicher dient (2). Das Ereignis a_2 bleibt zunächst in der Stelle A liegen (3). Kommt in B das Ereignis b_2 an (4), dann hat das zwischengespeicherte a_1 einen Partner und die hintere Transition erzeugt eine Marke für die erste Lösung $\{a_1, b_2\}$ (5). Gleichzeitig wird eine weitere Marke zurück zur Stelle X geschickt. Analog erfolgt die Erkennung der zweiten Lösung $\{a_2, b_3\}$, wenn das Ereignis b_3 eintrifft.

[3]Carl Adam Petri (1926–2010), deutscher Mathematiker und Informatiker.

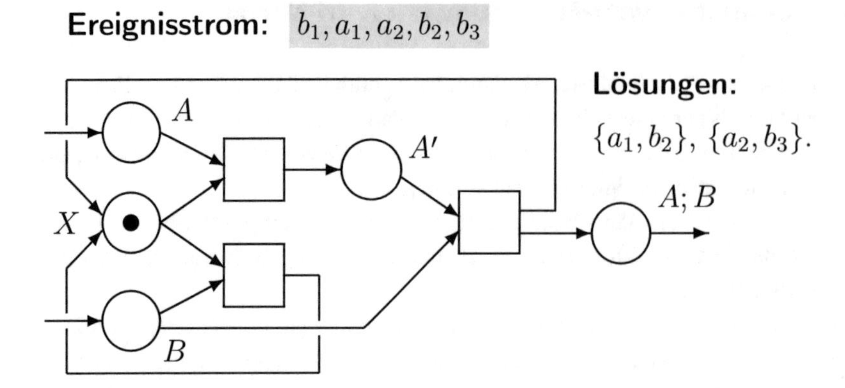

Abb. 7.16 Petri-Netz für die binäre Sequenz A; B

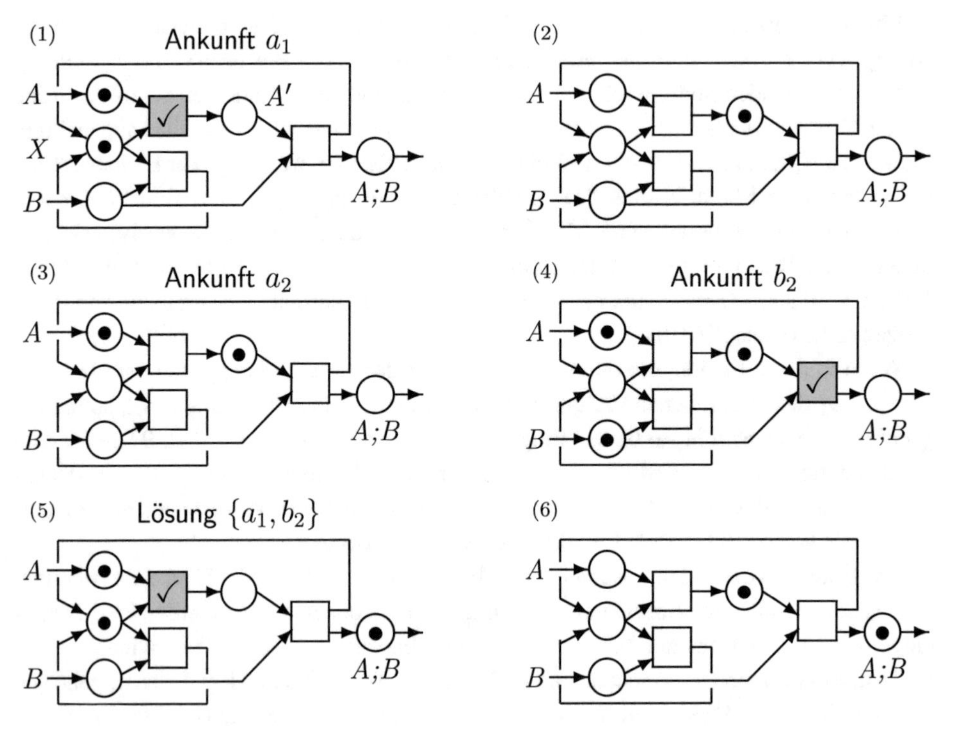

Abb. 7.17 Erkennung der ersten Lösung $\{a_1, b_2\}$ im Ereignisstrom b_1, a_1, a_2, b_2, b_3

Das Petri-Netz der Abb. 7.16 erkennt alle Instanzen nach dem Auswahl-Prinzip des Chronicle Consumption Mode. Man kann dies anhand des Ereignisstroms $a_1, b_1, b_2, a_2, a_3, b_3, b_4$ aus Abschn. 4.2.4 überprüfen, denn das Petri-Netz liefert in diesem Fall genau die Lösungen $\{a_1, b_1\}$, $\{a_2, b_3\}$, $\{a_3, b_4\}$ gemäß dem Chronicle Consumption Mode.

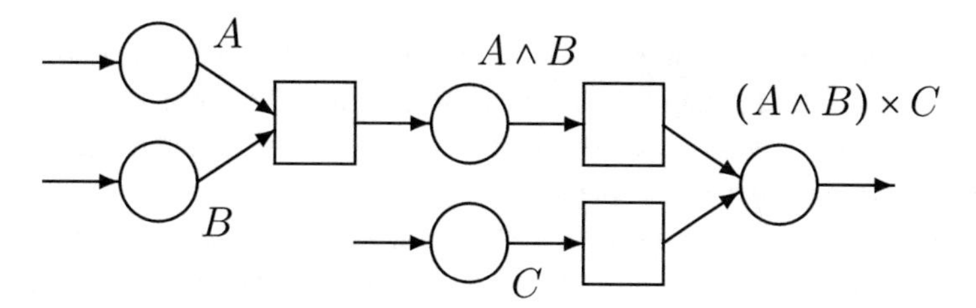

Abb. 7.18 Petri-Netz für $(A \wedge B) \times C$

In Abb. 7.18 ist ein Petri-Netz für das Ereignismuster $(A \wedge B) \times C$ dargestellt (das Symbol $\times$ steht für das exklusive Oder). Das Beispiel zeigt, wie man Petri-Netze für komplexe Ereignisse aus einfacheren Petri-Netzen zusammensetzen kann (siehe (Gatziu und Dittrich 1993)).

Aus den Beispielen von Abb. 7.16 und 7.18 ist ersichtlich, wie die Kern-Operatoren Sequenz und Konjunktion sowie das exklusive Oder mit Petri-Netzen realisiert werden können. Das inklusive Oder kann in Petri-Netzen nicht modelliert werden. Für die Berücksichtigung von Attributswerten von Ereignissen können Petri-Netze mit individuellen Marken verwendet werden (Gatziu und Dittrich 1993).

Eine Negation der Form $A; \neg C; B$, also eine Sequenz von A und B, bei der zwischendurch kein Ereignis des Typs C eintreten darf, kann mit dem Petri-Netz der Abb. 7.16 erkannt werden, wenn man noch einen Eingang für Ereignisse des Typs C hinzufügt. Wenn kein A-Ereignis im Zwischenspeicher A' wartet, soll ein eintreffendes C-Ereignis in derselben Weise wie ein B-Ereignis ignoriert werden. Wenn ein A-Ereignis in A' auf einen Partner wartet, soll ein eintreffendes C-Ereignis ähnlich wie ein B-Ereignis in dieser Situation das wartende A-Ereignis an sich binden und eine Marke in die X-Stelle zurückführen, ohne eine Lösung zu erzeugen. Dadurch wird dieses A-Ereignis als Beginn einer Lösungssequenz ausgeschlossen.

7.5 Event Detection Graphs

Ein *Event Detection Graph* für ein gegebenes Ereignismuster ist vom Prinzip her ein Parse-Baum für den Ausdruck, der das Ereignismuster beschreibt. Die inneren Knoten entsprechen den Operatoren, und die Blätter repräsentieren Typen von atomaren Ereignissen.

Das Parsen von Ereignismustern erfolgt nach der Strategie Bottom Up. Die atomaren Ereignisse eines Ereignisstroms werden in der Reihenfolge des zeitlichen Eintreffens gelesen. Die Mustererkennung wird immer durch ein Initiator-Ereignis gestartet. In der Sprache der Tokensemantik wird für jedes relevante eintreffende atomare Ereignis ein Token vom zugehörigen Blattknoten zum Elternknoten hochgeleitet. Alle inneren Knoten haben Speicher, um eintreffende Token mit eventuellen Zusatzinformationen zwischenzuspeichern. Hat ein von der Wurzel verschiedener innerer Knoten die für den zugehörigen Operator nötigen Token empfangen, so reicht er ein Ergebnis-Token zu seinem Elternknoten. Auf diese Weise werden Lösungen von Teilausdrücken als mit Informationen angereicherte Token nach oben gereicht, bis aus allen Nachfolgern des Wurzelknotens ein Token bei der Wurzel eingetroffen ist und somit eine Lösung gefunden wurde.

Abb. 7.19 zeigt einen Event Detection Graph für das Ereignismuster $(A \wedge B) ; C$ mit einem beispielhaften Ereignisstrom und den zugehörigen Lösungen. In diesem Beispiel können sowohl Ereignisse des Typs A als auch des Typs B Initiator-Ereignisse sein, nicht jedoch Ereignisse des Typs C, deshalb wird das Ereignis c_1 im Ereignisstrom ignoriert. Die angegebene Lösungsmenge ist das Ergebnis der Abarbeitung nach dem Chronicle Consumption Mode, bei dem jedes atomare Ereignis nur einmal für eine Lösungsinstanz verwendet werden kann.

Abb. 7.20 zeigt die Situation, in der durch das Eintreten des atomaren Ereignisses c_2 die erste Lösung des gesuchten Musters erkannt wird. Das atomare Ereignis a_2 ist schon als Initiator-Ereignis für eine eventuell nachfolgende zweite Lösung vorgemerkt (in dem Beispiel ist das die Lösung $\{a_2, b_2, c_4\}$).

Man beachte, dass für eintreffende C-Ereignisse kein Speicher an dem Wurzelknoten vorhanden ist, denn wenn noch keine Teillösung für das Muster $A \wedge B$ gefunden worden ist,

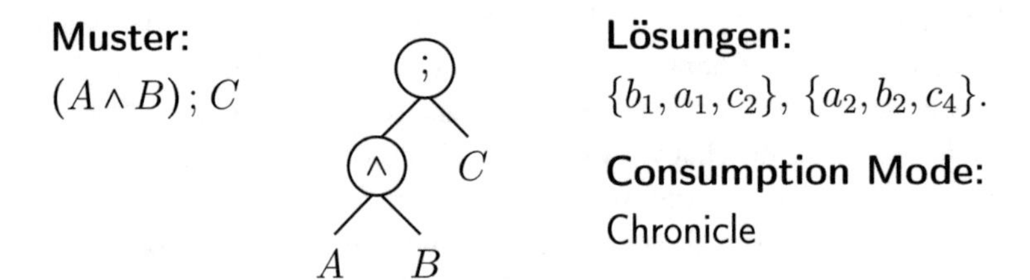

Abb. 7.19 Event Detection Graph für $(A \wedge B) ; C$

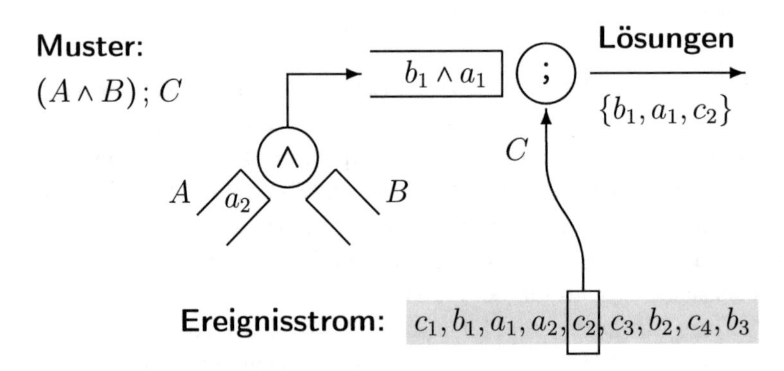

Abb. 7.20 Erkennung der Musterinstanz $(b_1 \wedge a_1) ; c_2$

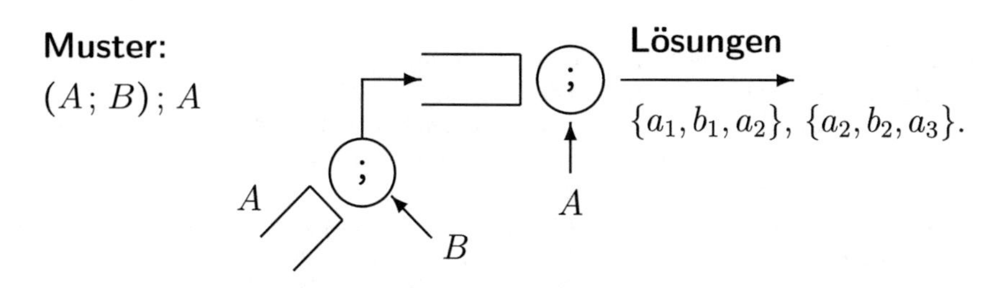

Abb. 7.21 Event Detection Graph für $(A ; B) ; A$ mit Speicher

dann werden ankommende C-Ereignisse ignoriert, wie das bei c_1 und c_3 der Fall ist. Generell gibt es an jedem inneren Knoten für die zweifache Sequenz für das spätere Argument keinen Speicher.

Im Allgemeinen kann es für den Typ eines atomaren Ereignisses mehrere Blattknoten geben, die alle beim Eintreffen eines passenden atomaren Ereignisses ein Token erhalten. Dies wäre z. B. bei dem Ereignismuster $(A; B); A$ in Abb. 7.21 der Fall. Wenn hierbei die Folge a_1, b_1, a_2 eintrifft, dann wird für a_1 an beide A-Blattknoten ein entsprechendes Token geschickt. Da aber bei einer Sequenz der zweite Partnerknoten keinen Speicher hat, speichert nur der erste A-Blattknoten das Token. Das Ereignis b_1 ergibt ein Token für die Teilsequenz $a_1; b_1$, das auf ein weiteres A-Ereignis wartet. Trifft a_2 ein, so wird die Lösung $\{a_1, b_1, a_2\}$ erkannt, zusätzlich erhält der erste A-Knoten wieder ein neues Token, da das Detektor-Ereignis a_2 gleichzeitig die Rolle eines Initiator-Ereignisses spielt. Damit kann z. B. bei dem Ereignisstrom a_1, b_1, a_2, b_2, a_3 die nächste Lösung $\{a_2, b_2, a_3\}$ erkannt werden.

Durch die Mehrfachverwendung von atomaren Ereignissen ist der Chronicle Consumption Mode nicht mehr gewährleistet. Mit Strategien für das Speichern und Weiterleiten von Teilergebnissen an den inneren Knoten kann man unterschiedliche Consumption Modes realisieren. Eine ausführliche Beschreibung der Erkennung von komplexen Ereignissen mit Hilfe von Event Detection Graphs findet man in (Chakravarthy et al. 1994).

Literatur

Agrawal, J., Diao, Y., Gyllstrom, D., & Immerman, N. (2008). Efficient pattern matching over event streams. In J. T.-L. Wang (Hrsg.), *SIGMOD Conference* (S. 147–160). ACM.

Alur, R., & Madhusudan, P. (2004). Visibly pushdown languages. In L. Babai (Hrsg.), *STOC* (S. 202–211). ACM.

Chakravarthy, S., Krishnaprasad, V., Anwar, E., & Kim, S. (1994). Composite events for active databases: Semantics, contexts and detection. In: *VLDB'94, Proceedings of 20th international conference on very large data bases, September 12–15, 1994, Santiago de Chile, Chile*, S. 606–617.

Demers, A. J., Gehrke, J., Panda, B., Riedewald, M., Sharma, V., White, W. M., et al. (2007). Cayuga: A general purpose event monitoring system. *CIDR*, *7*, 412–422.

Gatziu, S., & Dittrich, K. (1993). Events in an active object-oriented database system. In N. Paton & H. Williams (Hrsg.), *Proc. 1st Intl. Workshop on Rules in Database Systems (RIDS)*. Springer, Workshops in Computing, Edinburgh, UK.

Gyllstrom, D., Agrawal, J., Diao, Y., & Immerman, N. (2008). On supporting kleene closure over event streams. In: *Proceedings of the 2008 IEEE 24th International Conference on Data Engineering*, ICDE '08, S. 1391–1393. IEEE Computer Society, Washington, DC, USA.

Hedtstück, U. (2012). *Einführung in die Theoretische Informatik* (5. Aufl.). München: Oldenbourg.

Hopcroft, J. E., Motwani, R., & Ullman, J. D. (2002). *Einführung in die Automatentheorie, formale Sprachen und Komplexitätstheorie* (2. Aufl.). München: Pearson Education Deutschland GmbH.

Reisig, W. (2010). *Petrinetze: Modellierungstechnik, Analysemethoden, Fallstudien*. Leitfäden der Informatik. Wiesbaden: Vieweg+Teubner.

Schöning, U. (2008). *Theoretische Informatik kurz gefasst.* Hochschultaschenbuch (5. Aufl.). Berlin: Springer Spektrum.

Wu, E., Diao, Y., & Rizvi, S. (2006). High-performance complex event processing over streams. In: *Proceedings of the 2006 ACM SIGMOD International Conference on Management of Data*, SIGMOD '06, S. 407–418. ACM, New York, NY, USA.

8 Regelbasiertes Complex Event Processing

Es gibt zwei Anwendungsbereiche regelbasierter Techniken beim Complex Event Processing: die regelbasierte Erkennung von komplexen Ereignissen und die regelbasierte Entscheidungsfindung bei der Reaktion auf ein erkanntes komplexes Ereignis.

Bei beiden Anwendungen bildet eine Wissensbasis die Grundlage, die zu Beginn ein statisches Wissen in Form von Fakten und Regeln enthält. Während des Ablaufs eines Prozesses wird die Wissensbasis um dynamisches fallspezifisches Wissen angereichert. Ein Algorithmus, der als *Rule Engine* oder auch *Inferenzmaschine* bezeichnet wird, kann überprüfen, ob ein neu eingetretenes atomares Ereignis Bestandteil eines zu erkennenden komplexen Ereignisses ist oder welche Reaktion nach dem Erkennen eines komplexen Ereignisses initiiert werden soll.

Regelbasierte Techniken werden hauptsächlich bei der Auswahl einer Reaktion eingesetzt, da hierbei zeitliche Aspekte oftmals nicht ausschlaggebend sind. Dagegen muss bei der Erkennung von Ereignismustern in nahezu Echtzeit extrem schnell reagiert werden, was man meist mit anderen Algorithmen, beispielsweise mit endlichen Automaten, effizienter erledigen kann.

Derzeit gibt es noch keine Standards für die Formulierung von Fakten und Regeln für den praktischen Einsatz in einem regelbasierten System. Es sind mehrere nichtkommerzielle Organisationen zur Herstellung eines Standards aktiv. Die Open Management Group (OMG) entwickelt die Production Rule Representation (PRR) für den Einsatz im Geschäftsprozessmanagement, und das World Wide Web Consortium (W3C) entwickelt das Rule Interchange Format (RIF) für eine standardisierte Darstellung von Regeln in XML. Eine weitere nicht professionelle Initiative entwickelt den XML-basierten Modellierungsformalismus RuleML (Rule Markup Language), der alle Anwendungen von regelbasierten Techniken im Web in einem gemeinsamen Rahmen zusammenfassen soll.

Die klassische Prädikatenlogik erster Stufe bildet die theoretische Grundlage für die Formulierung und algorithmische Verarbeitung von Fakten und Regeln jeglicher Art. Die Kenntnis der Konzepte der Syntax und der Semantik der Prädikatenlogik ist die Voraus-

U. Hedtstück, *Complex Event Processing*,
https://doi.org/10.1007/978-3-662-61576-8_8

setzung dafür, dass regelbasierte Anwendungen aus dem Bereich des Complex Event Processing verstanden und entwickelt werden können. Deshalb wird in Kap. 11 eine kompakte Einführung in die Prädikatenlogik erster Stufe gegeben, die sich auf die für einen Einsatz im CEP wesentlichen Aspekte beschränkt. Für eine ausführliche Darstellung der regelbasierten Methodik verweisen wir auf (Beierle und Kern-Isberner 2019).

Die folgenden Beispiele zeigen die Verwendung der Prädikatenlogik bei der Formulierung von typischen Regeln.

- „Wurde ein Ereignis x vom Typ A vor einem Ereignis y vom Typ B erkannt, dann ist eine Instanz $\{x, y\}$ des Sequenz-Musters $A; B$ eingetreten."
  In Prädikatenlogik:

$$\forall x \forall y\, (Ereignis(x) \wedge Ereignis(y) \wedge Typ(x,a) \wedge Typ(y,b) \wedge Vor(x,y) \\ \rightarrow Sequenz(x,y,a,b))$$

  Die Ereignistypen A und B werden durch konstante Werte a und b repräsentiert. Das zweistellige Prädikat $Vor(x, y)$ drückt aus, dass der Zeitstempel von x kleiner ist als der Zeitstempel von y.

- „Wenn alle Maschinen arbeiten, ist die Auslastung der Produktion zu hoch."
  In Prädikatenlogik (man beachte die Klammerung):

$$\forall x\, (Maschine(x) \rightarrow Arbeitet(x)) \rightarrow ZuHoch(auslastung)$$

- „Ist ein bestellter Artikel verfügbar, wird er an den Kunden geliefert."
  In Prädikatenlogik:

$$\forall x \forall y\, (Kunde(x) \wedge Artikel(y) \wedge HatBestellt(x,y) \wedge Verfuegbar(y) \\ \rightarrow LiefernAn(y,x))$$

  In diesem Beispiel ist $LiefernAn(y, x)$ ein zweistelliges Prädikat, das als Start-Event eines Lieferungsprozesses aufgefasst werden kann.

Basierend auf der Grundlage der Prädikatenlogik werden in den folgenden Abschnitten die für den jeweiligen Einsatz passenden Regel-Sprachen und Inferenzstrategien vorgestellt. Abschließend wird das häufig eingesetzte regelbasierte Konzept der Entscheidungsbäume beschrieben.

8.1 Regelbasiertes Erkennen von komplexen Ereignissen

Um regelbasierte Techniken für das Erkennen von Instanzen eines Ereignismusters verwenden zu können, müssen eintreffende atomare Ereignisse mit Hilfe geeigneter Prädikate als Fakten einer Regelsprache beschrieben werden. Es muss möglich sein, irrelevante atomare Ereignisse zu ignorieren und potentiell relevante atomare Ereignisse anzusammeln, um sie gegebenenfalls zu einer Instanz eines Ereignismusters zu vereinen. Die für ein Ereignismuster interessanten atomaren Ereignisse werden üblicherweise als Fakten dynamisch in eine geeignete Wissensbasis eingefügt und nach dem Verbrauch wieder gelöscht. Die zusammengebauten komplexen Ereignisse werden ebenfalls als Fakten behandelt, um sie z. B. mit einer Event-Condition-Action-Regel weiter zu verarbeiten (vgl. Abschn. 8.2).

Das Erkennen eines Ereignismusters nach der Backward-Chaining-Strategie mit Hilfe von Regeln zeigt das Beispiel in Abb. 8.1. Es soll eine Sequenz dreier Ereignisse vom Typ *a, b* und *c* erkannt werden.

In dem Beispiel wird wie in Prolog die Konklusion zuerst formuliert. Zu einer elementaren Einführung in die Programmiersprache Prolog siehe z. B. (Schöning 2000). Nach dem anschließenden umgedrehten Pfeil folgt der Prämissenteil. Die Variablen beginnen mit einem Großbuchstaben und Prädikate (Relationssymbole) mit einem Kleinbuchstaben. Die Typen *a, b* und *c* sind als konstant vorgegeben und entsprechen nullstelligen Funktionssymbolen. Alle Variablen sind als allquantifiziert zu betrachten.

Das Erkennen eines dreistelligen Sequenzmusters erfolgt mit den Regeln der Abb. 8.1 in der folgenden Weise:

$$\begin{array}{lll}
(1) & \mathit{seq1}(X,Y,Z,a,b,c) & \leftarrow \; \mathit{type}(X,a) \wedge \mathit{seq2}(X,Y,Z,b,c). \\
(2) & \mathit{seq2}(X,Y,Z,b,c) & \leftarrow \; \mathit{type}(Y,b) \wedge \mathit{timeStp}(X,S1) \\
 & & \quad \wedge\; \mathit{timeStp}(Y,S2) \wedge (S1 < S2) \\
 & & \quad \wedge\; \mathit{seq3}(X,Y,Z,c). \\
(3) & \mathit{seq3}(X,Y,Z,c) & \leftarrow \; \mathit{type}(Z,c) \wedge \mathit{timeStp}(Y,S2) \\
 & & \quad \wedge\; \mathit{timeStp}(Z,S3) \wedge (S2 < S3).
\end{array}$$

Abb. 8.1 Regeln für das Erkennen einer Sequenz

1. Als Zielklausel wird das Prädikat $seq1(X, Y, Z, a, b, c)$ gesetzt. Bei jedem eintreffenden atomaren Ereignis wird überprüft, ob es vom Typ a ist.Wird ein Ereignis e_1 vom Typ a erkannt, so wird gemäß Regel (1) das Prädikat $seq2(e_1, Y, Z, b, c)$ als neues Ziel gesetzt.
2. Wird anschließend ein Ereignis e_2 vom Typ b erkannt, dessen Zeitstempel größer ist als der Zeitstempel von e_1, dann wird gemäß Regel (2) das Prädikat $seq3(e_1, e_2, Z, c)$ als neues Ziel gesetzt.
3. Wird nun ein Ereignis e_3 vom Typ c erkannt, dessen Zeitstempel größer ist als der Zeitstempel von e_2, dann gibt es kein neues Ziel und das ursprüngliche Anfrage-Prädikat ist mit der Instanz (e_1, e_2, e_3) belegt.

Bei diesem Erkennungsprozess startet jedes neu gesetzte Ziel einen neuen Prolog-Beweis, der aber erst dann in Gang gesetzt wird, wenn im Ereignisstrom ein passendes atomares Ereignis eintrifft. Die Wissensbasis wird laufend erweitert um die Fakten $type(e_1, a)$, $type(e_2, b)$ und $type(e_3, c)$ sowie weiteren Fakten für die Attribute der einzelnen Ereignisse. Dies kann ausgenutzt werden, um noch weitere Instanzen von Ereignismustern zu identifizieren.

In (Anicic et al. 2011) wird das System ETALIS vorgestellt, in dem das Erkennen von Instanzen von Ereignismustern regelbasiert gesteuert wird unter Einbeziehung von Hintergrundwissen (siehe auch Abschn. 6.4). Das gesamte System ist in Prolog implementiert, sodass der Prolog-Interpreter für die Erkennungs- und Überprüfungsvorgänge genutzt werden kann. In der ETALIS-Sprache können Beziehungen zwischen Ereignissen mit Operatoren wie *SEQ* für die Sequenz oder *DURING* für die Allensche *during*-Relation beschrieben werden. Solche Beschreibungen von Ereignismustern sind Bestandteil von sogenannten *Event-Driven Backward Chaining Rules (EDBC)* die zur endgültigen Verarbeitung in geeignete Prolog-Regeln übersetzt werden.

Der Vorteil der regelbasierten Erkennung von komplexen Ereignissen liegt einerseits in der Programmierung auf einer hohen Abstraktionsebene, da das systematische Suchen von Lösungen in einer Vielzahl von Möglichkeiten durch einen Interpreter mit vorgefertigten Algorithmen wie Backtracking auf der Basis von Resolution und Unifikation erledigt wird. Ein weiterer großer Vorteil besteht in der Möglichkeit, vorhandenes Hintergrundwissen in den Erkennungsvorgang einzubeziehen, etwa mit Standard-Ontologien im Format des *Resource Description Framework (RDF)*, ein vom W3C-Konsortium für das Semantic Web entwickelter Standard (siehe Abschn. 6.4).

Einfache Mustererkennungen können oftmals direkter und effizienter mit Algorithmen wie endliche Automaten durchgeführt werden. Für viele Anwender ist auch wichtig, dass eine CEP-Lösung in eine bestehende Softwarelandschaft eingebettet ist. Deshalb kommen regelbasierte CEP-Systeme eher bei Anwendungen zum Einsatz, die auf Benutzer mit Kenntnissen der regelbasierten Technologie ausgerichtet sind.

8.2 Regelbasierte Auswahl einer Reaktion

Beim Complex Event Processing wird nach dem Erkennen einer Instanz eines Ereignismusters eine Reaktion in Form eines Musters von Handlungsanweisungen initiiert. Da die Entscheidung, wie die Reaktion erfolgen soll, manchmal sehr schwierig ist und tiefes Hintergrundwissen erfordert, werden oftmals regelbasierte Techniken eingesetzt.

Die Grundlage bildet eine Wissensbasis, in der allgemeine Regeln und Fakten verwaltet werden, die alle relevanten Anwendungszustände beschreiben und es ermöglichen, beim Eintreten eines komplexen Ereignisses die notwendigen Handlungsanweisungen logisch herzuleiten. Zugeschnitten auf diese Verwendung wird ein Teil der Regeln als sogenannte *Event-Condition-Action-Regeln (ECA-Regeln)* formuliert, die nach dem folgenden Prinzip aufgebaut sind:

```
ON <Event> IF <Condition> THEN <Action>
```

Wenn ein in der Regel spezifiziertes Ereignis eingetreten ist und zusätzliche Bedingungen erfüllt sind, dann wird eine Aktion angestoßen. Die Auswahl einer geeigneten Aktion erfolgt nach dem Forward-Chaining-Prinzip (Abschn. 11.9.2), denn die Aktion kann wieder ein Ereignis beinhalten, das zu einer weiteren Regel passt. Das Erkennen des Events, also ein komplexes Ereignis, kann mit einem separaten Verfahren oder regelbasiert erfolgen. Beim regelbasierten Erkennen eines komplexen Ereignisses wird meist nach dem Backward-Chaining-Prinzip vorgegangen (Abschn. 11.9.1). Die Überprüfung des Condition-Teils wird durch Abgleich mit Daten einer Datenbank oder regelbasiert nach dem Backward-Chaining-Prinzip mit Hilfe einer Wissensbasis für das Hintergrundwissen durchgeführt.

In Abb. 8.2 ist eine kleine Wissensbasis dargestellt, die eine ECA-Regel enthält. Es wurden schon neue Fakten hinzugefügt, die durch das Eintreten eines Ereignisses generiert wurden (Eingang einer Bestellung). Das Ereignis passt auf den Event-Teil der Regel, der Condition-Teil kann anhand des vorhandenen Wissens regelbasiert verifiziert werden, sodass die Action der Regel ausgeführt werden kann.

Hätte der Kunde Maier ein Tablet bestellt, dann wäre die Bedingung „verfügbar" nicht erfüllt und die Aktion würde nicht ausgeführt.

In diesem Beispiel wird eine Wissensbasis verwendet, die alles nötige Wissen für eine einfache Entscheidungsfindung enthält. Müssten beispielsweise vor der Entscheidung noch weitgehende Informationen über den Kunden sowie markttechnische Entwicklungen abgeprüft werden, womöglich in Kombination mit einer Prognose über das zukünftige Kundenverhalten, dann wäre es sinnvoll, separate Wissensbasen mit Hintergrundwissen zu den relevanten Wissensbereichen zu verwenden.

Die Wissensbasis aus Abb. 8.2 macht auch deutlich, dass eine Wissensbasis üblicherweise dynamischen Änderungen unterworfen ist. Beispielsweise sind gerade PCs im Lager. Würden alle PCs aus dem Lager aufgrund von Bestellungen entnommen, ohne dass von

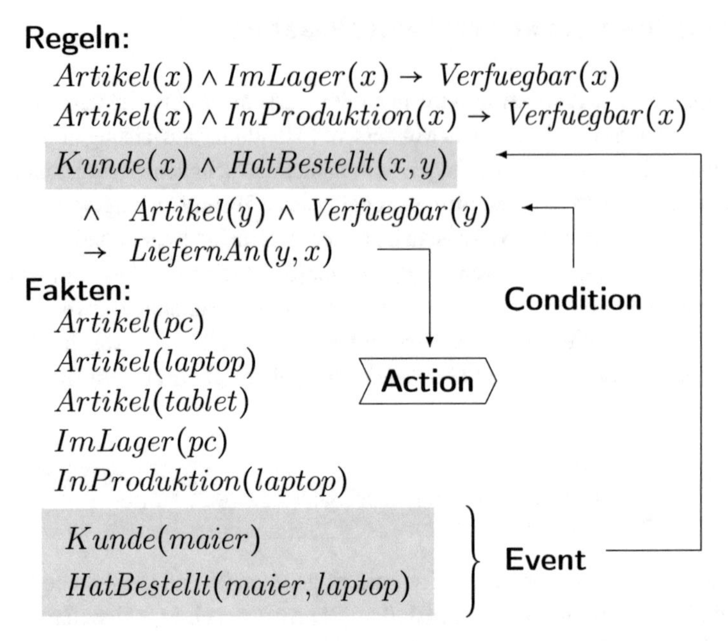

Abb. 8.2 Wissensbasis mit Event und passender ECA-Regel

der Produktion für Nachschub gesorgt würde, dann müsste der Fakt $ImLager(pc)$ aus der Wissensbasis entfernt werden, bis wieder PCs von der Produktion ins Lager geliefert worden sind.

8.3 Entscheidungsbäume für Reaktionen

Mit einem *Entscheidungsbaum* (engl. *decision tree*) wird nach einer eingetretenen Situation die Fortsetzung eines Prozesses entschieden. Die möglichen Fälle für die entstandene Situation mit der jeweils zugehörigen Aktion werden durch eine Menge von Wenn-Dann-Regeln beschrieben, die in einer Baumstruktur zusammengefasst sind. Bei der Verwendung im Complex Event Processing repräsentiert die Wurzel das Eintreten (Erkennen) eines Ereignisses, auf das nach dem Abprüfen von Randbedingungen in geeigneter Weise reagiert werden soll.

Ein Entscheidungsbaum kann durch eine Menge von Regeln der Aussagenlogik beschrieben werden. Diese Regeln können direkt in if-then-else-Anweisungen einer Programmiersprache übersetzt werden.

In der Aussagenlogik sind quantifizierte Aussagen über Objekte wie in der Prädikatenlogik nicht möglich, sondern es können nur Aussagen formuliert werden, die einen allgemeinen Zustand beschreiben. Basierend auf so genannten *atomaren Formeln* können komplexe Formeln mit Hilfe der logischen Junktoren $\neg$, $\wedge$, $\vee$, $\rightarrow$ und $\leftrightarrow$ gebildet werden.

Eine Aussage kann in einer Anwendung wahr oder falsch sein. Der Wahrheitswert einer Formel wird in eindeutiger Weise durch die Wahrheitswerte der atomaren Formeln, aus denen sich die Formel zusammensetzt, festgelegt. Für eine ausführliche Darstellung der Aussagenlogik sei auf (Schöning 2000) verwiesen.

Die folgenden zwei Beispiele zeigen, wie jedem Pfad des Entscheidungsbaums der Abb. 8.3, der von der Wurzel zu einem Blatt führt, eine aussagenlogische Formel in Form einer Wenn-Dann-Regel zugeordnet werden kann.

- *(Anzahl schlechter Qualitätswerte* $\geq$ *2)* $\wedge$ *(Monteur frei)* $\rightarrow$ *(Aktion: Wartung durchführen)*
- $\neg$ *(Anzahl schlechter Qualitätswerte* $\geq$ *2)* $\wedge$ $\neg$ *(Puffer leer)* $\wedge$ *(Typ nächstes Teil* $=$ *B)* $\rightarrow$ *(Aktion: fräsen)*

Bei der Formulierung der Regeln, die einen Entscheidungsbaum beschreiben, kann ein innerer Knoten mit zwei Ausgängen immer mit einer atomaren Formel dargestellt werden. Hat ein innerer Knoten dagegen n Ausgänge mit $n > 2$, so kann man die einzelnen Werteausprägungen mit jeweils einer passenden atomaren Aussage abfragen.

Die mit den inneren Knoten verbundenen atomaren Formeln werden auch als *Attribute* bezeichnet. Die Blätter eines Entscheidungsbaums enthalten die möglichen Resultate bei der Entscheidungsfindung, speziell kann man ihnen *Aktionen* zuordnen, die als Handlungsanweisungen aufgefasst werden.

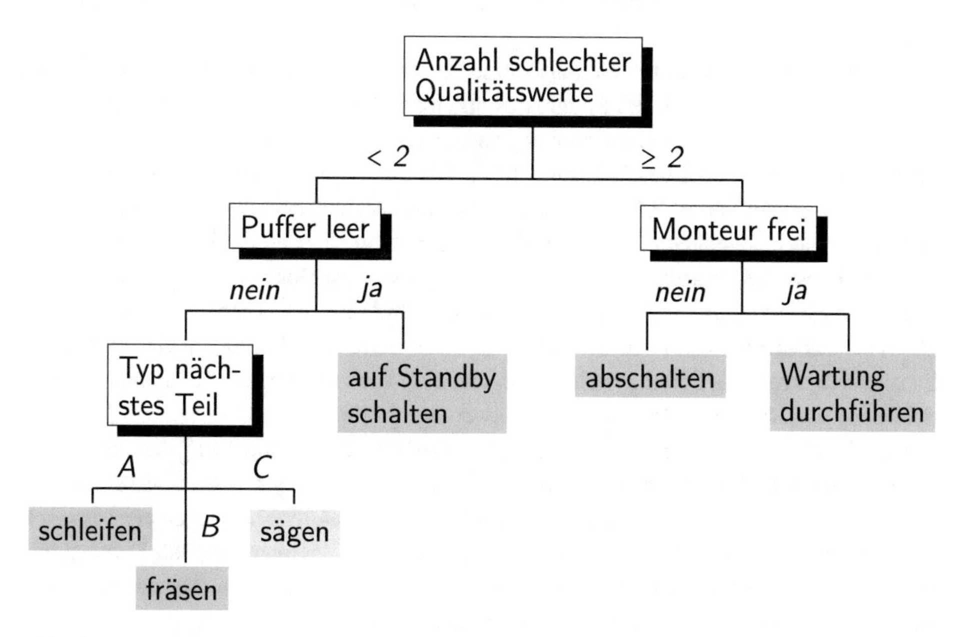

Abb. 8.3 Entscheidungsbaum für die Fortsetzungsalternativen einer Fertigungsmaschine nach Abschluss einer Bearbeitung

Eine Entscheidungsfindung mit Hilfe eines Entscheidungsbaums besteht darin, beginnend bei der Wurzel einen Pfad zu einem Blatt zu finden, der die Attributswerte einer gegebenen Situation widerspiegelt. Jedem inneren Knoten ist ein Test für das zugehörige Attribut zugeordnet. Das Ergebnis des Tests bestimmt, welcher Nachfolgerknoten gewählt wird. Das erreichte Blatt repräsentiert die aus dem Testverlauf resultierende Handlungsanweisung.

Für eine Implementierung benötigt man keine atomaren Formeln, sondern die Tests können direkt in entsprechende Berechnungen der verwendeten Programmiersprache umgesetzt werden. Man unterscheidet dazu die folgenden Attribut-Typen:

- *Numerische Attribute:* die Werte können als Zahlen ausgedrückt werden. Beispiel: Einkommen E mit den Werten $E < 1000$, $1000 \leq E < 3000$ und $E \geq 3000$.
- *Nominale Attribute:* die Werte werden mit natürlichsprachlichen Begriffen formuliert. Beispiel: Qualität Q mit den Werten *hoch*, *gut*, *ausreichend*, *niedrig*. Zu den nominalen Attributen zählen auch die Attribute mit den binären Ergebnissen *ja* und *nein*.

Da es zu einem gegebenen Problem im Allgemeinen viele Entscheidungsbäume gibt, ist es in der Praxis wichtig, einen möglichst effizienten Entscheidungsbaum zu finden. Effizient heißt dabei, die Redundanz, die in einem Entscheidungsbaum vorhanden sein kann, zu minimieren, und die Höhe des Baums (d.h. die Länge eines maximalen Pfads von der Wurzel zu einem Blatt) sollte so gering wie möglich sein. Ein verbreiteter Algorithmus, der diese Ziele anstrebt, ist der in (Quinlan 1986) beschriebene ID3-Algorithmus, der heute überwiegend in verbesserter Form im Einsatz ist (siehe z. B. (Petersohn 2005; Han et al. 2011)).

Die Verwendung von Entscheidungsbäumen beim Complex Event Processing, um nach dem Erkennen eines komplexen Ereignisses durch das Abprüfen von Rahmenbedingungen entscheiden zu können, welche Handlungsanweisungen initiiert werden sollen, entspricht genau dem in Abschn. 8.2 beschriebenen ECA-Schema (Event-Condition-Action).

In dem Beispiel der Abb. 8.3 ist mit der Wurzel des Entscheidungsbaums ein Attribut verbunden, das jeweils beim Abschluss einer Bearbeitung einer Fertigungsmaschine getestet wird. Es wird überprüft, ob das atomare Ereignis „Abschluss einer Bearbeitung" mit dem aktuell generierten Qualitätswert das abschließende Ereignis eines komplexen Ereignisses ist, das aufgrund zu vieler schlechter Qualitätswerte eine Wartung in Gang setzt. Der Entscheidungsvorgang liefert sowohl im positiven als auch im negativen Fall unter Berücksichtigung von Rahmenbedingungen die notwendige Aktion.

Entscheidungsbäume werden insbesondere auch eingesetzt, um noch unbekannte Gesetzmäßigkeiten in Ereignisströmen herauszuarbeiten. Aus empfangenen Ereignissen werden Zusammenhänge hergeleitet, die als sogenannte *Trainingsdatensätze* zu einem Entscheidungsbaum zusammengefügt werden. Dies ist eine Form des maschinellen Lernens von Ereignismustern, die für eine Entscheidungsfindung relevant sind. In Abschn. 10.2 wird dies an einem Beispiel des Predictive Policing demonstriert.

Literatur

Anicic, D., Fodor, P., Rudolph, S., & Stojanovic, N. (2011). EP-SPARQL: A unified Language for event processing and stream reasoning. In: *Proceedings of the 20th international conference on World Wide Web,* WWW '11 (S. 635–644). New York: ACM.

Beierle, C., & Kern-Isberner, G. (2019). *Methoden wissensbasierter Systeme – Grundlagen, Algorithmen Anwendungen* (6. Aufl.). Wiesbaden: Springer Vieweg.

Han, J., Kamber, M., & Pei, J. (2011). *Data mining: Concepts and techniques* (3. Aufl.). San Francisco: Morgan Kaufmann Publishers Inc.

Petersohn, H. (2005). *Data mining*. München: Oldenbourg.

Quinlan, J. R. (1986). Induction of decision trees. *Machine learning, 1*(1), 81–106.

Schöning, U. (2000). *Logik für Informatiker Spektrum* (5. Aufl.). Berlin: Springer Spektrum.

Softwarekonzepte für das Complex Event Processing 9

Eine Software für das Complex Event Processing ist in die IT-Landschaft integriert, in der das CEP für die Lösung von Spezialaufgaben eingesetzt wird. Eine CEP-Software wird dauerhaft betrieben und ist eingebettet in vernetzte Strukturen wie Internet, Cloud und betriebsinterne Softwaresysteme. Während in herkömmlicher Software eine vordefinierte Abfolge von Anweisungen ausgeführt wird, muss eine CEP-Software zeitnah auf Ereignisse reagieren, deren Eintreten nicht vorhergesehen werden kann. Das Rahmenkonzept für das CEP wird als *Event-Driven Architecture (EDA)* bezeichnet (Bruns und Dunkel 2010).

Typische Eigenschaften einer CEP-Software sind die *lose Kopplung* (engl. *loose coupling*) der Ereignis-produzierenden Systeme, der CEP Engine und der Ereignis-Empfänger. Das bedeutet, keine der genannten Schichten kennt die Aufgabenstellungen und Mechanismen der anderen Schichten. Der Nachrichtenaustausch und die Ereignisverarbeitung erfolgen dabei *asynchron,* d. h. die Ereignis-Produzenten schicken ihre Ereignisse ohne Anforderung an die CEP Engine und sie erwarten auch keine Rückmeldung, und die CEP Engine initiiert Reaktionen bei den Ereignis-Konsumenten, ohne dazu aufgefordert zu werden.

Eine einheitliche Software-Architektur gibt es für das CEP nicht, da es zwei grundsätzlich verschiedene Herangehensweisen bei der Mustererkennung in CEP-Systemen gibt: die auf herkömmlich programmierte Software abgestimmte Erkennung von Ereignismustern im Stil von Datenbankanfragen und die regelbasierte Mustererkennung im Stil des logischen Programmierens.

Der Vorteil des ersten Ansatzes ist natürlich die relativ problemlose Integration in eine vorhandene IT-Welt, die Datenbanktechniken sind den meisten IT-Fachleuten bekannt. Insbesondere ist es oftmals sinnvoll, Datenbanken und CEP zu vereinen. Dagegen ist die den regelbasierten Ansätzen zugrunde liegende Programmierung nicht allgemein bekannt, wegen des hohen Abstraktionsgrades der Modellierung muss man die komplexen Algorithmen verstehen, die in der CEP Engine automatisch ablaufen. Allerdings können mit regelbasierten Systemen anspruchsvolle Anwendungen einfacher und mit weniger Code realisiert

U. Hedtstück, *Complex Event Processing,*
https://doi.org/10.1007/978-3-662-61576-8_9

werden. In (Beierle und Kern-Isberner 2019) findet man eine umfassende Einführung in die regelbasierte Softwaretechnologie.

Im Folgenden werden einige herausragende Softwaretechniken vorgestellt, die in CEP-Systemen eingesetzt werden.

9.1 CEP-Agenten

Ein signifikantes Merkmal von CEP-Systemen ist die lose Kopplung von Ereignis-Produzenten, CEP Engine und Ereignis-Konsumenten, deshalb wird eine CEP-Software oftmals in das Konzept der Multiagentensysteme eingeordnet. *Agenten* eines CEP-Systems sind modular gestaltete Softwareeinheiten, die ausgerichtet auf spezifische Aufgaben in einem sogenannten *Event Processing Network* interagieren (Bruns und Dunkel 2010).

Neben der eigentlichen Mustererkennung können auch der Filter und die Aufbereitungskomponente sowie die Mustergenerierung als separate Agenten modelliert und implementiert werden (Etzion und Niblett 2010). Ist bei der Mustererkennung das parallele Ausführen von Mustererkennern notwendig, beispielsweise um den Continuous Consumption Mode oder den Chronicle Consumption Mode zu realisieren (siehe Abschn. 4.2), so liegt es nahe, die einzelnen Mustererkenner als eigenständige Agenten zu modellieren, die dynamisch generiert und gelöscht werden können.

9.2 In-Memory-Datenverwaltung

Die Kernaufgabe des CEP besteht darin, Ereignisse zu lesen und wenn es geht, sofort auszuwerten, um ein vorgegebenes Muster zu erkennen. Hierfür wird nur minimaler Speicherplatz benötigt, wenn die Mustererkennung durch einen endlichen Automaten, ein Petri-Netz oder einen Detection Graph erfolgt. Allerdings müssen Ereignisse oftmals für einen meist kurzen Zeitraum zwischengespeichert werden, um Aggregationsfunktionen durchzuführen, wie beispielsweise die Durchschnittsbildung der Werte eines Attributs für eine Menge von Ereignissen eines Auswertungsfensters (zu Aggregationsfunktionen siehe Abschn. 5.6). Auch für schwierige kontextbezogene Entscheidungen mit Hilfe einer Rule Engine muss ein vorhandener Datenbestand mit einbezogen werden.

Da eine herkömmliche Datenbank für solche Aufgaben zu schwerfällig wäre, werden *In-Memory-Techniken* eingesetzt, bei denen die eintreffenden Daten im Hauptspeicher, also nicht auf der Festplatte, solange gespeichert werden, bis man sie nicht mehr benötigt. Ereignis-Objekte werden dabei aus Effizienzgründen meist als Menge von Key-Value-Paaren (wie z. B. *Ereignistyp* = *StockTick*), als Graphen oder als Relationen in spaltenorientierter Weise gespeichert, wohingegen in relationalen Datenbanken auf Festplatten üblicherweise eine zeilenorientierte Speicherung erfolgt. Während bei herkömmlichen Datenbanken Kriterien wie Konsistenz (Widerspruchsfreiheit) oder Persistenz (Beständigkeit) im Vordergrund stehen, ist ein schneller Zugriff auf Dateninhalte beim CEP das wichtigere Kriterium.

9.3 Verteilte Datenauswertung

Wird das CEP im Big-Data-Umfeld eingesetzt, so kann die Menge der in einem Zeitfenster eintretenden Ereignisse extrem groß werden. In solchen Anwendungen wird vermehrt das *Hadoop/MapReduce*-Konzept eingesetzt, bei dem viele verteilte Rechnerknoten zur Verarbeitung herangezogen werden (siehe z. B. (White 2015)). Die grundlegende Idee von MapReduce ist das Teile-und-herrsche-Prinzip. Dabei entspricht das Mapping dem Verteilen einer Datenmenge auf eine Menge von Servern, die jeweils eine Aufgabe für die ihnen zugeteilten Daten lösen. Beim Reduce-Schritt werden die Teilergebnisse für das Gesamtergebnis ausgewertet und zusammengefasst.

Hadoop/MapReduce wurde zunächst für die klassische Datenspeicherung auf Festplatten entwickelt und eingesetzt. Es gibt Ansätze, das Hadoop/MapReduce-Konzept auf sogenannte *In-Memory Data Grids (IMDG)* zu übertragen, die Daten in den Hauptspeichern einer Menge von Servern verwalten. In einem IMDG werden die Daten als Objekte in serialisierter Weise abgespeichert, also nicht als Relationen. Auf diese Weise wird der Datenzugriff extrem beschleunigt, sodass man damit nahezu in Echtzeit ein Complex Event Processing realisieren kann.

Hadoop/MapReduce und In-Memory Data Grids sind Technologien, die auf (sehr umfangreichen) Mengen von abgespeicherten Daten arbeiten. Mehr auf die Echtzeitanalyse von Ereignisströmen ausgerichtet ist das *Apache-Spark-Framework,* eine Open Source Software, die an der University of California Berkeley entwickelt wurde (Apache-Spark 2020). Spark stellt nicht nur eine gezielte Anfrage an einen Datenbestand, sondern wendet eine Anfrage dauerhaft auf alle in einem Strom eintreffende Ereignisse an. Für Spezialaufgaben und als Hilfsmittel unterstützt Spark sowohl die In-Memory-Datenverwaltung als auch die Datenverwaltung auf der Festplatte. Das ebenfalls als Open Source Software angebotene Realtime Computation System *Apache Storm* wurde von Nathan Marz speziell für Aufgaben im Stile des Complex Event Processing entwickelt. Ereignisse treffen aus unterschiedlichen Quellen *(Spouts)* ein und werden mit Hilfe eines Netzwerks von spezialisierten Softwarekomponenten *(Bolts)* verarbeitet (Apache-Storm 2020). Für das verteilte Verarbeiten von Batch- und Streaming-Daten verfolgt die Open Source Software *Apache Flink* einen ähnlichen Ansatz wie Apache Storm, allerdings mit unterschiedlichen Schwerpunkten (Apache-Flink 2020).

9.4 Integration einer regelbasierten CEP Engine in eine herkömmliche IT-Landschaft

Regelbasierte Software spiegelt das logische Denken im menschlichen Gehirn wider. Dieses läuft völlig anders ab als ein imperativ programmierter Algorithmus, der aus einer vorgegebenen Abfolge von Anweisungen besteht, die nacheinander aus dem Call Stack entnommen werden. Beim logischen Denken eines Menschen werden Fakten, die mit Hilfe von Sinnesorganen von der Umwelt empfangen werden, mit einem dauerhaft im Gehirn gespeicherten Vorrat an Regeln und schon bekannten Fakten abgeglichen, um das augenblickliche menschliche Verhalten zu steuern.

Einfache Entscheidungen nach dem Erkennen eines Ereignismusters können mit einer imperativen Software mit den üblichen if-then-else-Konstrukten programmiert werden, man benötigt dazu keine Wissensbasis mit Regeln und Fakten. Nur wenn für die Entscheidungen komplizierte Zusammenhänge berücksichtigt werden müssen, liegt es nahe, eine CEP-Software als regelbasiertes System zu realisieren. Die Integration in eine traditionelle IT-Infrastruktur ist zwar aufwändig, mit den heute zur Verfügung stehenden Hilfsmitteln jedoch relativ problemlos realisierbar. Vor allem in der Java-Welt gibt es neben kommerziellen Produkten hervorragende Open-Source-Softwaresysteme wie z. B. *Drools Fusion* (Drools 2020), die eine Einbettung von regelbasierten CEP-Systemen in eine bestehende Java-Infrastruktur ermöglichen. Neben vielen anderen CEP-bezogenen charakteristischen Merkmalen bietet Drools Fusion eine Modellierung aller Allenschen Zeitrelationen an (siehe Abschn. 5.3.1).

Literatur

Apache-Flink. (2020). Homepage W3C: http://flink.apache.org/. Zugegriffen: 20. Febr. 2020.

Apache-Spark. (2020). Homepage: http://spark.apache.org/. Zugegriffen: 20. Febr. 2020.

Apache-Storm. (2020). Homepage: http://storm.apache.org/. Zugegriffen: 20. Febr. 2020.

Beierle, C., & Kern-Isberner, G. (2019). *Methoden wissensbasierter Systeme – Grundlagen, Algorithmen, Anwendungen* (6. Aufl.). Wiesbaden: Springer Vieweg.

Bruns, R., & Dunkel, J. (2010). *Event-Driven Architecture – Softwarearchitektur für ereignisgesteuerte Geschäftsprozesse*. Berlin, Heidelberg: Springer.

Drools. (2020). Homepage : https://docs.jboss.org/drools/release/5.3.0.Final/drools-fusion-docs/html_single/index.html. Zugegriffen: 25. Jan. 2020.

Etzion, O., & Niblett, P. (2010). *Event processing in action* (1. Aufl.). Greenwich: Manning Publications Co.

White, T. (2015). *Hadoop – The definitive guide: Storage and analysis at internet scale* (4. Aufl.). Sebastopol: O'Reilly.

10 Abgrenzung des CEP zu anderen Methoden des Data Analytics

Der Begriff *Data Analytics* umfasst alle Methoden, die aus Daten interessante Informationen herleiten können. Für die Auswertung von Daten gibt es viele unterschiedliche Ansätze wie beispielsweise statistische Analysen oder logische Schlussfolgerungssysteme. Traditionell sind die Daten in einer persistenten Datenbank abgespeichert, aus der mit Hilfe einer Anfragesprache unterschiedliche Informationen extrahiert werden können.

Das Complex Event Processing ist eine spezielle Art des Data Analytics, die auf das Internet der Dinge ausgerichtet ist, um große Mengen von Daten, die mit Ereignissen verbunden sind, in angenäherter Echtzeit ohne Verwendung einer Datenbank auszuwerten. Sowohl erweiterte Datenbankanfragesprachen als auch regelbasierte Systeme kommen hierbei zum Einsatz. CEP unterscheidet sich von den meisten herkömmlichen Data-Analytics-Verfahren durch den dauerhaften Einsatz rund um die Uhr, um auf aktuelle Datenveränderungen möglichst schnell reagieren zu können.

Eine Erweiterung traditioneller Datenbank-Technologien stellen Verfahren aus dem Bereich *Business Intelligence* (abgek. *BI*) dar, die in betrieblichen Organisationen eingesetzt werden, um die Geschäftsprozesse auf der Basis geeigneter Informationen besser zu gestalten. Dazu werden Daten aus unterschiedlichen Datenbanken nach strategisch relevanten Gesichtspunkten extrahiert und in einheitlicher Form in einem sogenannten *Data Warehouse* zusammengefasst.

Auch CEP-Systeme speichern oftmals gewonnene Daten in einer Datenbank ab, um sie für spätere Entscheidungen wiederzuverwenden, jedoch geschieht dies erst nach der Auswertung. Bei traditionellen BI-Systemen ist diese Reihenfolge genau umgekehrt, sie werten Daten aus einer vorhandenen Datenbank aus.

Ein CEP-System führt mit Hilfe der aus der Analyse gewonnen Informationen selbstständig Entscheidungen herbei und setzt automatisch geeignete Reaktionen in Gang. BI-Systeme hingegen dienen in der Regel nur dem Sichtbarmachen von extrahierten Informationen (dem sogenannten *Reporting*) und überlassen Entscheidungen und Reaktionen den menschlichen Benutzern.

U. Hedtstück, *Complex Event Processing*,
https://doi.org/10.1007/978-3-662-61576-8_10

Um die Unterschiede der auf Datenbanken basierenden Data-Analytics-Verfahren zum Complex Event Processing deutlich zu machen, werden im Folgenden zwei häufig eingesetzte BI-Verfahren vorgestellt, das Online Analytical Processing und das Data Mining. Eine ausführliche Darstellung dieser Themen findet man z. B. in Han et al. (2011) und Petersohn (2005).

10.1 Online Analytical Processing

Das Ziel des *Online Analytical Processing (OLAP)* ist eine IT-gestützte Verwaltung von großen unterschiedlichen Datenbeständen sowie die Bereitstellung von geeigneten Analyse-Tools, die es dem Benutzer ermöglichen, selbst die für ihn wichtigen Erkenntnisse aus den Datenbeständen herauszuziehen.

Bei der OLAP-Technik werden Daten nach mehreren Kriterien in Form eines sogenannten *Datenwürfels* (engl. *data cube*) dargestellt. Jede Dimension des Würfels repräsentiert ein Kriterium, sodass man eine anschauliche und kompakte Darstellung verschiedener Zusammenhänge erhält. In den Zellen des Würfels stehen Werte einer Kenngröße. Die grafische Darstellung ist auf drei Dimensionen beschränkt, prinzipiell können auch mehr Dimensionen verwendet werden. Allgemein bezeichnet man mehrdimensionale Datenräume mit einer beliebigen Anzahl von Dimensionen mit dem Begriff *Hypercube.*

OLAP definiert verschiedene Techniken, um Informationen aus einem Daten-Würfel zu extrahieren. Wir wollen hier die Operationen Slice, Dice, Rotation, Drill-Up und Drill-Down kurz vorstellen.

In Abb. 10.1 ist anhand eines Beispiels aus dem *Predictive Policing* die Operation *Slice* (engl. für schneiden) dargestellt, die dem Herausschneiden einer Scheibe des Würfels entspricht.

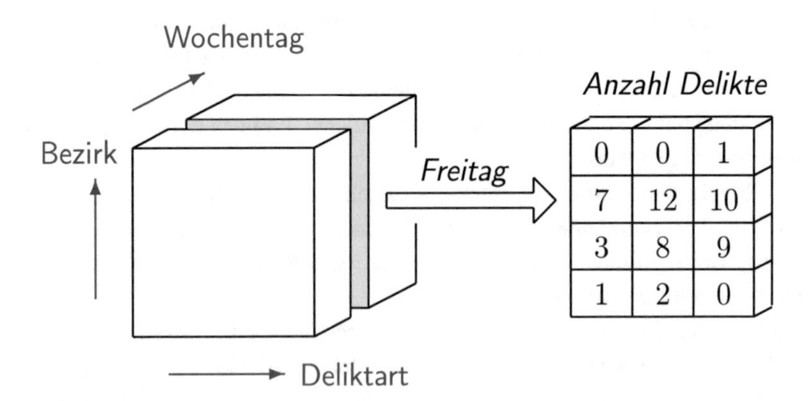

Abb. 10.1 OLAP-Würfel mit einer Slice-Operation

Allgemein schneidet die Slice-Operation aus einem n-dimensionalen Würfel eine $(n-k)$-dimensionale Scheibe $(0 < k < n)$ heraus.

Mit der Operation *Dice* (engl. für „in Würfel schneiden") kann aus einem Würfel ein Teilwürfel herausgeschnitten werden (Abb. 10.2).

Die Operation *Rotation* (Pivotierung) dient dazu, einen Würfel so zu drehen, dass man anschließend mit Dice und Slice einen gewünschten Zusammenhang herausschneiden kann (Abb. 10.3).

Weitere OLAP-Techniken sind *Drill-Up* und *Drill-Down*. Diese Techniken kann man auf Dimensionen des Datenwürfels anwenden, bei denen hierarchisch abgestufte Größenordnungen definiert sind. Z. B. kann man die Dimension Zeitraum in Monat, Woche, Tag, Stunde abstufen. Mit der Drill-Up-Funktion kann man die Betrachtung von Datenzusammenhängen auf eine höhere Ebene heben, z. B. Anzahl Delikte pro Woche anstatt von Anzahl Delikte pro Tag. Mit Drill-Down kann man in eine detailliertere Ebene wechseln, z. B. Anzahl Delikte pro Stunde anstatt Anzahl Delikte pro Tag.

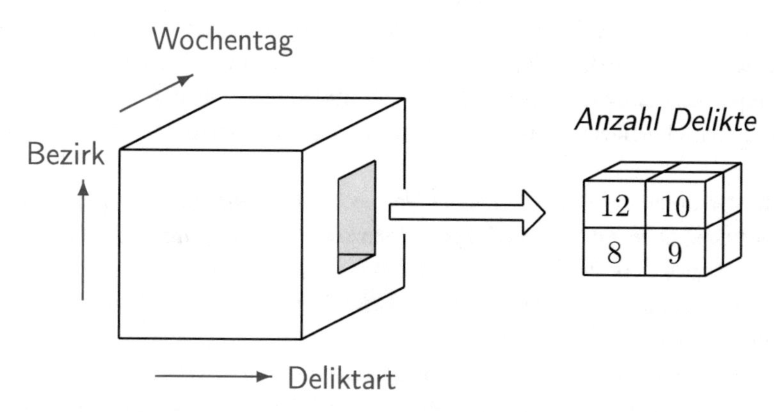

Abb. 10.2 Die Operation Dice

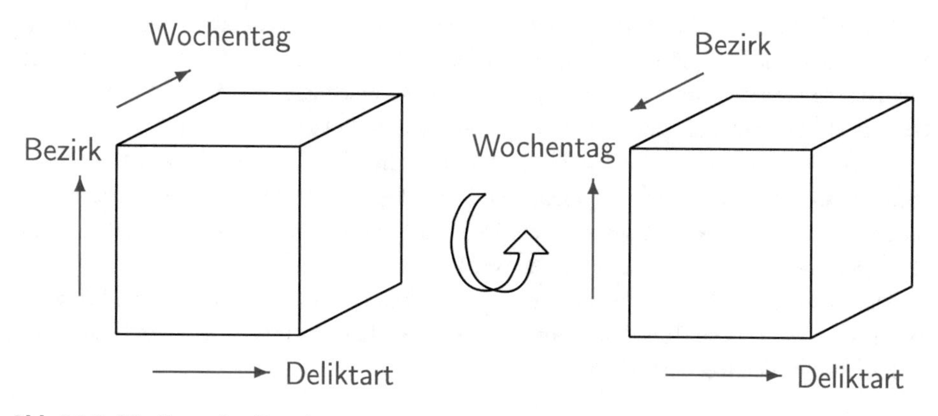

Abb. 10.3 Die Operation Rotation

Ein OLAP-System trifft keine Entscheidungen, dies ist Aufgabe des Anwenders. Hier zeigt sich ein wesentlicher Unterschied zu CEP, das selbst die Entscheidungen herbeiführt und oftmals automatisch eine Reaktion initiiert.

10.2 Data Mining

Data Mining bedeutet das systematische Herausarbeiten und Auswerten von Mustern, Zusammenhängen und Kausalitäten in einer Datenmenge. Im Gegensatz zum Complex Event Processing bildet beim Data Mining üblicherweise eine Datenbank die Grundlage. Der Zeitaspekt spielt hierbei eine untergeordnete Rolle.

Analog zum CEP unterscheidet man beim Data Mining unterschiedliche Vorgehensweisen. Das Ziel bei den *deskriptiven Verfahren* ist es, Einsicht in den Ist-Zustand eines Systems zu gewinnen, bei den *prediktiven Verfahren* wird versucht, auf der Basis bekannter Daten den zukünftigen Verlauf eines Prozesses vorherzusagen.

Ein wichtiger Ansatz für das Data Mining ist das maschinelle Lernen, mit dem aus einer Menge von Beispielen allgemeine Regeln und Gesetzmäßigkeiten hergeleitet werden können, typischerweise in Form eines Entscheidungsbaums. Eine umfassende Einführung in die Themen maschinelles Lernen und speziell Entscheidungsbäume findet man in Alpaydin (2019).

Wir wollen an einem Beispiel aus der Verbrechensbekämpfung demonstrieren, welche Regeln aus einer Datentabelle abgeleitet werden können. Dazu wird zunächst ein Entscheidungsbaum konstruiert. Jeder Weg von der Wurzel zu einem Blatt kann dann direkt als Wenn-Dann-Regel interpretiert werden, die Aufschluss über den Erfolg bei der Aufklärung von Verbrechen gibt.

Der Datenbestand der Tab. 10.1 ist das Ergebnis einer Untersuchung der Erfolgsquote für die Aufklärung von Verbrechen der Sorten Diebstahl, Betrug und Körperverletzung in einer Stadt, bezogen auf drei Bezirke.

Dieser Datenbestand ist ein sogenannter *Trainingsdatensatz,* bei dem für jeden Dateneintrag das Ergebnis bekannt ist, und bei dem es kein Paar von Dateneinträgen gibt, bei denen alle Kriterien übereinstimmen, das Ergebnis jedoch verschieden ist. Unter diesen Voraussetzungen ist es möglich, den in Abb. 10.4 dargestellten Entscheidungsbaum abzuleiten.

Gibt es mindestens ein Paar von Datensätzen, die in allen Kriterien übereinstimmen und die unterschiedliche Ergebnisse haben, so reichen die betrachteten Kriterien nicht aus, um eine Entscheidung eindeutig festzulegen. Dann müssen weitere Kriterien für eine Charakterisierung der Ergebnisse herangezogen werden.

Jeder Pfad eines Entscheidungsbaums von der Wurzel zu einem Blatt drückt Wissen in Form einer Wenn-Dann-Regel aus. Aus dem Entscheidungsbaum der Abb. 10.4 lassen sich z. B. die folgenden Regeln ableiten:

Tab. 10.1 Trainingsdatensatz für die Aufklärung von Verbrechen

Nr.	Bezirk	Deliktart	Anzahl Täter	Tageszeit	Aufklärung
1	B1	Diebstahl	≥ 2	Nacht	Negativ
2	B1	Diebstahl	1	Nacht	Positiv
3	B2	Diebstahl	≥ 2	Tag	Negativ
4	B1	Diebstahl	≥ 2	Tag	Positiv
5	B3	Diebstahl	1	Tag	Negativ
6	B3	Diebstahl	1	Nacht	Negativ
7	B2	Diebstahl	1	Nacht	Negativ
8	B3	Betrug	1	Tag	Positiv
9	B3	Betrug	≥ 2	Tag	Positiv
10	B1	Betrug	1	Nacht	Positiv
11	B2	Betrug	1	Tag	Negativ
12	B3	Körperverletzung	1	Nacht	Positiv
13	B2	Körperverletzung	≥ 2	Nacht	Negativ
14	B1	Körperverletzung	1	Tag	Positiv
15	B3	Körperverletzung	1	Tag	Positiv

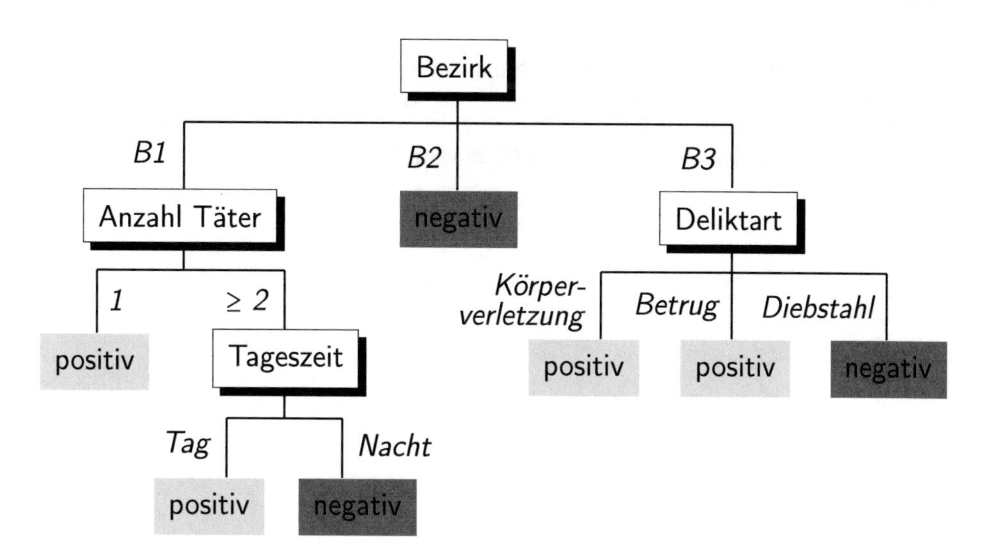

Abb. 10.4 Entscheidungsbaum für die Untersuchung der Aufklärung von Verbrechen

- *Wenn* ein Verbrechen im Bezirk 1 erfolgt ist *und* die Anzahl der Täter mindestens zwei war *und* die Tat in der Nacht begangen wurde, *dann* konnte das Verbrechen nicht aufgeklärt werden.
- *Wenn* ein Verbrechen im Bezirk 2 erfolgt ist, *dann* konnte es nicht aufgeklärt werden.
- *Wenn* ein Verbrechen im Bezirk 3 erfolgt ist *und* das Delikt war ein Betrug, *dann* konnte es aufgeklärt werden.

Mit Hilfe solcher Regeln können Schwachstellen in der Aufklärung von Verbrechen identifiziert werden, um gezielte Maßnahmen wie beispielsweise die Verstärkung des Polizeipersonals oder die Modernisierung der technischen Ausrüstung in die Wege zu leiten.

Der Entscheidungsbaum des Beispiels macht deutlich, dass bei herkömmlichen BI-Verfahren Informationen zwar ausgewertet und aufbereitet werden, es ist aber genauso wie bei OLAP-Systemen (Abschn. 10.1) die Aufgabe des Benutzers, die angemessenen Konsequenzen daraus zu ziehen. Beim Einsatz von Entscheidungsbäumen beim Complex Event Processing repräsentieren dagegen die Blätter gerade die Konsequenzen, die aufgrund beobachteter Gegebenheiten notwendig sind, sodass das System automatisch ohne Eingriff eines Benutzers geeignete Reaktionen in Gang setzen kann (vgl. Abschn. 8.3).

Literatur

Alpaydin, E. (2019). *Maschinelles Lernen* (2. Aufl.). Berlin: De Gruyter.

Han, J., Kamber, M., & Pei, J. (2011). *Data mining: Concepts and techniques* (3. Aufl.). San Francisco: Morgan Kaufmann Publishers Inc.

Petersohn, H. (2005). *Data mining*. München: Oldenbourg Verlag.

11 Anhang: Prädikatenlogik

In vielen Bereichen der angewandten Informationstechnologie spielen regelbasierte Systeme eine wichtige Rolle. Im Geschäftsprozessmanagement werden mit Hilfe von Geschäftsregeln Entscheidungen getroffen, und im Complex Event Processing werden regelbasiert Ereignismuster erkannt und angemessene Reaktionen in Gang gesetzt.

Die Grundlage regelbasierter Systeme bildet zunächst der Formulierungsrahmen der Prädikatenlogik erster Stufe, der für die Formulierung von Wissensinhalten in Form von Fakten und Regeln verwendet wird. Die für eine Anwendung notwendigen Entscheidungen werden dann mit Hilfe von logischen Schlussfolgerungsmechanismen auf der Basis des gespeicherten Wissens durchgeführt. Die Algorithmen, die das logische Schlussfolgern realisieren, modellieren in gewissem Sinne das menschliche logische Denken, sie folgen anderen Prinzipien wie die in der herkömmlichen Programmierung verwendeten Algorithmen. Die Grundmechanismen heißen Resolution, Unifikation und Backtracking.

Nur wenn man diese formalsprachlichen und algorithmischen Konzepte beherrscht, können regelbasierte Systeme gewinnbringend eingesetzt werden. Die Grundkenntnisse hierfür werden in diesem Kapitel vermittelt. Zur weiteren Vertiefung verweisen wir auf (Beierle und Kern-Isberner 2019; Schöning 2000). Die Darstellung der Prädikatenlogik richtet sich zu einem großen Teil nach (Schwabhäuser 1971).

11.1 Syntax der Prädikatenlogik

Unter dem Begriff der *Prädikatenlogik* fasst man einen formalen Sprachrahmen, mit dem man Weltausschnitte beschreiben kann, und den algorithmischen Aspekt des logischen Schlussfolgerns zusammen. Im Folgenden wird zunächst die Syntax der Prädikatenlogik, also der Sprachrahmen der Prädikatenlogik beschrieben.

U. Hedtstück, *Complex Event Processing*,
https://doi.org/10.1007/978-3-662-61576-8_11

Grundsymbole der Sprache der Prädikatenlogik

- ***Variablen:*** $x_1, x_2, x_3, \ldots$
- ***Funktionssymbole:*** $f_1, f_2, f_3, \ldots$
  Jedem Funktionssymbol f ist eine eindeutige Stellenzahl $s(f) \in \mathbb{N}$ zugeordnet. Ein nullstelliges Funktionssymbol wird auch als *Konstante* bezeichnet.
- ***Relationssymbole:*** $R_1, R_2, R_3, \ldots$
  Jedem Relationssymbol R ist eine eindeutige Stellenzahl $s(R) \in \mathbb{N}$ zugeordnet. Statt Relationssymbol verwendet man auch den Begriff *Prädikatensymbol.* Ein nullstelliges Relationssymbol nennt man *Aussagezeichen,* es bezeichnet eine Eigenschaft, die sich nicht auf ein Objekt bezieht und die wahr oder falsch ist.
- ***Gleichheitssymbol:*** $\doteq$ *(gleich).*
  Das Gleichheitszeichen drückt die Gleichheit von Objekten aus. Um zu verhindern, dass die Gleichheit als normale zweistellige Relation unterschiedlich interpretiert wird, verwendet man ein Sondersymbol.
- ***Junktoren:*** $\neg$ *(nicht),* $\wedge$ *(und),* $\vee$ *(oder),* $\rightarrow$ *(wenn, dann),*
  $\leftrightarrow$ *(genau dann, wenn).*
- ***Quantoren:*** $\forall$ *(Allquantor),* $\exists$ *(Existenzquantor).*
- ***Hilfssymbole:*** Runde Klammern (,) und das Komma , .

Bemerkungen

1. Die hier behandelte Prädikatenlogik wird als „Prädikatenlogik erster Stufe“ bezeichnet, da Variablen immer stellvertretend für einzelne Objekte stehen. In einer höheren Stufe können Variablen für Mengen verwendet werden.
2. Das Gleichheitssymbol kann weggelassen werden. Man unterscheidet zwischen der Prädikatenlogik ohne Gleichheit und der Prädikatenlogik mit Gleichheit.

Mit Hilfe von Variablen und Konstanten können Objekte einer Anwendungswelt bezeichnet werden. Um eindeutige Zuordnungen von Objekten zu anderen Objekten zu beschreiben, werden Funktionssymbole verwendet. Auf diese Weise können vergleichbar den arithmetischen Ausdrücken der Mathematik beliebig komplexe *Terme* gebildet werden (siehe Definition in Abb. 11.1).

Definition: (Term)

Jede Variable x_1, x_2, x_3,... ist ein *Term.* Sind $t_1,\ldots,t_k$ Terme und f ein k-stelliges Funktionssymbol ($k \in \mathbb{N}$), so ist $f(t_1,\ldots,t_k)$ ebenfalls ein *Term.* Ist f nullstellig, so schreibt man statt $f()$ kurz f (eine Konstante).

Abb. 11.1 Definition Term

Die einfachste Form, Wissen über Objekte darzustellen, erfolgt mit Relationen, die Eigenschaften von Objekten oder Beziehungen zwischen Objekten beschreiben. Formal kann ein solches Wissen mit Hilfe von Relationssymbolen für Terme, logischen Junktoren und Quantoren formuliert werden. Das so gebildete formale Konstrukt wird als *Formel* bezeichnet (Abb. 11.2).

Zur Vermeidung überflüssiger Klammern in Formeln werden Bindungsregeln festgelegt. In der folgenden Hierarchie hat das Symbol $\succ$ die Bedeutung „bindet stärker als": $\neg \succ \wedge \succ \vee \succ \rightarrow \succ \leftrightarrow$

Ein Quantor bindet immer nur die anschließende Teilformel, ansonsten müssen Klammern gesetzt werden.

Z. B. wird die Formel $\forall x\ R_1(x) \wedge R_2(x)$ als $(\forall x\ R_1(x)) \wedge R_2(x)$ interpretiert. Dieses Beispiel macht deutlich, dass es oftmals der Klarheit wegen besser ist, Klammern zu verwenden.

Für die Bezeichnung der Funktions- und Relationssymbole verwendet man anstelle von $f_1, f_2, f_3, \ldots$ bzw. $R_1, R_2, R_3, \ldots$ üblicherweise ausdrucksstärkere Begriffe, wobei wir hier die Bezeichner von Funktionssymbolen immer mit einem Kleinbuchstaben beginnen, und die Bezeichner von Relationssymbolen mit einem Großbuchstaben. Als Bezeichner für Variablen können ebenfalls ausdrucksstarke Begriffe verwendet werden, oder anstatt $x_1, x_2, x_3, \ldots$ auch $x, y, z, \ldots$ Für zweistellige Relationen und zweistellige Funktionen wird oftmals die Infix-Schreibweise mit speziellen Symbolen verwendet wie beispielsweise $x \leq y$.

Definition: (Formel)

(1) Sind t_1,...,t_k Terme und R ein k-stelliges Relationssymbol ($k \in \mathbb{N}$), so ist $R(t_1, ..., t_k)$ eine *atomare Formel* (auch *Primformel* genannt). Hat R die Stellenzahl 0, so schreibt man anstatt $R()$ kurz R. Sind t_1, t_2 Terme, dann ist auch $t_1 \doteq t_2$ eine *atomare Formel.* Jede atomare Formel ist eine *Formel.*

(2) Sind F_1 und F_2 Formeln, so sind auch $\neg F1$, $F_1 \wedge F_2$, $F_1 \vee F_2$, $F_1 \rightarrow F_2$, $F_1 \leftrightarrow F_2$ Formeln.

(3) Ist x eine Variable und ist F eine Formel, so sind auch $\exists x\ F$ und $\forall x\ F$ Formeln.

Abb. 11.2 Definition Formel

Beispiele für Formeln der Prädikatenlogik

- Eine Formel aus der Mathematik: „Jede positive Zahl hat eine positive Wurzel."

  $\forall x\ (x \geq 0 \rightarrow \exists y\ (y \geq 0\ \wedge\ x \doteq y * y))$

- Zwei Geschäftsregeln:
  „An alle Kunden, deren Mailadresse verfügbar ist, soll eine Mail geschickt werden."

  $\forall x\ (Kunde(x)\ \wedge\ Verfuegbar(mailadresse(x)) \rightarrow \mathit{MailSchickenAn}(x))$

  „Jeder Kunde ist per Telefon oder E-Mail erreichbar."

  $\forall x\ (Kunde(x) \rightarrow Erreichbar(x, telefon)\ \vee\ Erreichbar(x, email))$

  Die Begriffe *telefon* und *email* sind in dieser Formel nullstellige Funktionssymbole, also Konstanten.
  Das letzte Beispiel macht die Sinnhaftigkeit des inklusiven Oders deutlich, denn die meisten Kunden sind sowohl per Telefon als auch per E-Mail erreichbar, aber im Allgemeinen nicht alle.

11.2 Semantik für Formeln der Prädikatenlogik

Der Sinn einer Formel ist, eine Aussage zu formulieren, die in einer gegebenen Anwendungswelt *gültig* (wahr) ist. Die Syntax einer Formel bezieht sich lediglich auf ihre korrekte Zusammensetzung aus Symbolen eines vorgegebenen Sprachrahmens. Die Zuordnung einer Formel zu einer Anwendungswelt wird durch die *Semantik* definiert. In der Semantik der Prädikatenlogik wird eine Anwendungswelt abstrakt als *Struktur* bezeichnet. Sind die Formeln einer Menge von zusammengehörigen Formeln in einer Struktur gültig, so wird die Struktur als *Modell* der Formelmenge bezeichnet. Die in diesem Kapitel aufgeführten Definitionen zentraler Begriffe sind im Wesentlichen an (Schwabhäuser 1971) angelehnt.

Es seien $\mathcal{F}$ eine Menge von Funktionssymbolen und $\mathcal{R}$ eine Menge von Relationssymbolen mit jeweils festgelegter Stellenzahl, es gelte $\mathcal{F} \cap \mathcal{R} = \emptyset$. Dann bezeichnet man das Paar $(\mathcal{F}, \mathcal{R})$ als *Sprache* (auch *Sprachrahmen* oder *Signatur*) für die Menge der mit diesen Funktions- und Relationssymbolen formulierbaren Formeln. $\mathcal{V}$ sei die Menge von Variablen, die für die Formulierung von Termen und Formeln zur Verfügung steht. In Abb. 11.3 ist die Definition des Begriffs einer Struktur, die zu einem vorgegebenen Sprachrahmen passt, dargestellt.

Beispiele für Strukturen

- Natürliche Zahlen:
  Sprache: $L = (\{+, *, 0, 1\}, \{<\})$
  Struktur: $\mathcal{A} = (\mathbb{N}, \{+_{\mathbb{N}}, *_{\mathbb{N}}, 0_{\mathbb{N}}, 1_{\mathbb{N}}\}, \{<_{\mathbb{N}}\})$
- Ganze Zahlen:
  Sprache: $L = (\{+, -, *, /, 0, 1\}, \{<\})$
  Struktur: $\mathcal{A} = (\mathbb{Z}, \{+_{\mathbb{Z}}, -_{\mathbb{Z}}, *_{\mathbb{Z}}, /_{\mathbb{Z}}, 0_{\mathbb{Z}}, 1_{\mathbb{Z}}\}, \{<_{\mathbb{Z}}\})$

Definition: (Struktur)

Sei $L = (\mathcal{F}, \mathcal{R})$ eine Sprache für Formeln. Eine *Struktur* für L ist ein Tripel $\mathcal{A} = (\mathcal{U}_{\mathcal{A}}, \mathcal{F}_{\mathcal{A}}, \mathcal{R}_{\mathcal{A}})$, wobei folgendes gilt:

(1) $\mathcal{U}_{\mathcal{A}}$ ist eine nichtleere Menge, genannt *Individuenbereich* (*Universum*), ihre Elemente heißen *Individuen* oder *Elemente* (auch *Objekte*) der Struktur.

(2) $\mathcal{F}_{\mathcal{A}}$ ist eine Menge von Interpretationen der Funktionen aus $\mathcal{F}$ in $\mathcal{U}_{\mathcal{A}}$ mit jeweils gleicher Stellenzahl.

(3) $\mathcal{R}_{\mathcal{A}}$ ist eine Menge von Interpretationen der Relationssymbole aus $\mathcal{R}$ in $\mathcal{U}_{\mathcal{A}}$ mit jeweils gleicher Stellenzahl.

Abb. 11.3 Definition Struktur

- Reelle Zahlen:
  Sprache: $L = (\{+, -, *, /, 0, 1\}, \{<\})$
  Struktur: $\mathcal{A} = (\mathbb{R}, \{+_{\mathbb{R}}, -_{\mathbb{R}}, *_{\mathbb{R}}, /_{\mathbb{R}}, 0_{\mathbb{R}}, 1_{\mathbb{R}}\}, \{<_{\mathbb{R}}\})$

Wenn im Folgenden von Termen und Formeln die Rede ist und nicht explizit eine Sprache angegeben wird, so sei immer eine Sprache $L = (\mathcal{F}, \mathcal{R})$ zugrunde gelegt. Die Stellenzahl eines Funktionssymbols $f \in \mathcal{F}$ bzw. eines Relationssymbols $R \in \mathcal{R}$ sei gegeben durch eine Funktion $s : (\mathcal{F} \cup \mathcal{R}) \to \mathbb{N}$.

Variablen in einer Formel lassen zunächst offen, welche Objekte sie repräsentieren. Die Zuordnung von Variablen zu einer Anwendungswelt in Form einer Struktur wird durch eine *Belegung* festgelegt (Abb. 11.4).

Ein Term repräsentiert immer ein einzelnes Objekt, das mit Hilfe der Funktionssymbole den Objekten, die den Variablen des Terms entsprechen, zugeordnet wird. Bezogen auf eine Belegung über einer Struktur wird dieses Objekt als *Wert* des Terms bezeichnet (Abb. 11.5).

Definition: (Belegung)

Seien $\mathcal{V}$ eine Menge von Variablen und $\mathcal{A}$ eine Struktur. Eine *Belegung* (*der Variablen*) *über* $\mathcal{A}$ ist eine Abbildung $h : \mathcal{V} \to \mathcal{U}_{\mathcal{A}}$.

Abb. 11.4 Definition Belegung

Definition: (Wert eines Terms)

Der *Wert* des Terms t über der Struktur $\mathcal{A}$ bei der Belegung h, bezeichnet als $w_{\mathcal{A}}(t, h)$, ist folgendermaßen (induktiv über den Termaufbau) definiert:

(1) $w_{\mathcal{A}}(x, h) = h(x)$ für jede Variable $x \in \mathcal{V}$.

(2) $w_{\mathcal{A}}(f(t_1, ..., t_{s(f)}), h) = f_{\mathcal{A}}(w_{\mathcal{A}}(t_1, h), ..., w_{\mathcal{A}}(t_{s(f)}, h))$ für jeden mit dem Funktionssymbol $f \in \mathcal{F}$ gebildeten Term.

Abb. 11.5 Definition Wert eines Terms

Beispiele für den Wert eines Terms

- Gegeben sei die Sprache $L = (\{+, *, 0\}, \{\leq\})$. Der Wert des Terms $(x + y) * x$ über der Struktur $\mathcal{A} = (\mathbb{N}, \{+_{\mathbb{N}}, *_{\mathbb{N}}, 0_{\mathbb{N}}\}, \{\leq_{\mathbb{N}}\})$ der natürlichen Zahlen bei der Belegung $h(x) = 3, h(y) = 7$ beträgt 30.
- Gegeben sei die Sprache $L = (\{+, -, *, /, 0, 1\}, \{<\})$ und x / y sei ein Term. In der Struktur $\mathcal{A} = (\mathbb{Z}, \{+_{\mathbb{Z}}, -_{\mathbb{Z}}, *_{\mathbb{Z}}, /_{\mathbb{Z}}, 0_{\mathbb{Z}}, 1_{\mathbb{Z}}\}, \{<_{\mathbb{Z}}\})$ der ganzen Zahlen (beim Programmieren `integer`) sei $/_{\mathbb{Z}}$ die Integer-Division, bei der die Nachkommastellen gestrichen werden. Dann gilt für die Belegung h mit $h(x) = 7$ und $h(y) = 5$:

$$w_{\mathbb{Z}}(x / y, h) = 7 /_{\mathbb{Z}} 5 = 1.$$

  Dagegen gilt in der Struktur $\mathcal{A} = (\mathbb{R}, \{+_{\mathbb{R}}, -_{\mathbb{R}}, *_{\mathbb{R}}, /_{\mathbb{R}}, 0_{\mathbb{R}}, 1_{\mathbb{R}}\}, \{<_{\mathbb{R}}\})$ der reellen Zahlen (beim Programmieren `real` oder `float`) für die Belegung h mit $h(x) = 7$ und $h(y) = 5$:

$$w_{\mathbb{R}}(x / y, h) = 7 /_{\mathbb{R}} 5 = 1{,}4.$$

Interpretiert man die Terme, die in einer Formel vorkommen, als Werte, also als Objekte einer Struktur, dann wird ersichtlich, dass Formeln Eigenschaften von Objekten oder Beziehungen zwischen Objekten beschreiben. Ein grundlegendes Ziel der Logik besteht darin, einer solchen Beschreibung einen *Wahrheitswert* in Bezug auf eine Anwendungswelt zuzuordnen.

Ein Wahrheitswert ist ein Element der Menge $\{W, F\}$, wobei W für „wahr" steht, und F für „falsch". Für die Definition des Wahrheitswerts einer Formel der Prädikatenlogik (Abb. 11.6) verwendet man die Wahrheitsfunktionen der Aussagenlogik für die Junktoren Negation *(nicht)*, Konjunktion *(und)*, Disjunktion *(oder)*, Implikation *(imp)* und Äquvalenz *(äq)* (Tab. 11.1).

Bemerkung Für die Junktoren der Aussagenlogik werden in Abb. 11.6 andere Bezeichnungen verwendet als die sonst üblichen Symbole $\neg$, $\wedge$, $\vee$, $\rightarrow$, $\leftrightarrow$, damit man sie in der

Definition: (Wahrheitswert einer Formel)

Der *Wahrheitswert* der Formel α über der Struktur $\mathcal{A}$ bei der Belegung h, bezeichnet als $W_{\mathcal{A}}(\alpha, h)$, ist folgendermaßen (induktiv über den Formelaufbau) definiert, mit W = wahr und F = falsch:

(1) $W_{\mathcal{A}}(R(t_1, ..., t_{s(R)}), h)$

$$= \begin{cases} W, \text{ falls } R_{\mathcal{A}}(w_{\mathcal{A}}(t_1, h), ..., w_{\mathcal{A}}(t_{s(R)}, h)), \\ F \; sonst. \end{cases}$$

(2) $W_{\mathcal{A}}(t_1 \doteq t_2, h) = \begin{cases} W, \text{ falls } w_{\mathcal{A}}(t_1, h) = w_{\mathcal{A}}(t_2, h), \\ F \; sonst. \end{cases}$

(3)
$$\begin{aligned} W_{\mathcal{A}}(\neg \alpha, h) &= nicht\ W_{\mathcal{A}}(\alpha, h) \\ W_{\mathcal{A}}(\alpha \wedge \beta, h) &= W_{\mathcal{A}}(\alpha, h)\ und\ W_{\mathcal{A}}(\beta, h) \\ W_{\mathcal{A}}(\alpha \vee \beta, h) &= W_{\mathcal{A}}(\alpha, h)\ oder\ W_{\mathcal{A}}(\beta, h) \\ W_{\mathcal{A}}(\alpha \rightarrow \beta, h) &= W_{\mathcal{A}}(\alpha, h)\ imp\ W_{\mathcal{A}}(\beta, h) \\ W_{\mathcal{A}}(\alpha \leftrightarrow \beta, h) &= W_{\mathcal{A}}(\alpha, h)\ äq\ W_{\mathcal{A}}(\beta, h) \end{aligned}$$

wobei *nicht, und, oder, imp, äq* den aussagenlogischen Operationen Negation, Konjunktion, Disjunktion, Implikation und Äquivalenz entsprechen.

(4) Seien $a \in \mathcal{U}_{\mathcal{A}}$ ein Element des Individuenbereichs, $x \in \mathcal{V}$ eine Variable und $h : \mathcal{V} \rightarrow \mathcal{U}_{\mathcal{A}}$ eine Belegung.
Die Belegung h_x^a entstehe aus h durch

$$h_x^a(z) = \begin{cases} h(z), & \text{falls } z \neq x, \\ a, & \text{falls } z = x. \end{cases}$$

Die Wahrheitswerte seien Zahlen gleichgesetzt: $W = 1$ und $F = 0$.
Dann gilt:
$$\begin{aligned} W_{\mathcal{A}}(\exists x\ \alpha) &= \max_{a \in \mathcal{U}_{\mathcal{A}}} W_{\mathcal{A}}(\alpha, h_x^a) \\ W_{\mathcal{A}}(\forall x\ \alpha) &= \min_{a \in \mathcal{U}_{\mathcal{A}}} W_{\mathcal{A}}(\alpha, h_x^a) \end{aligned}$$

Abb. 11.6 Definition Wahrheitswert einer Formel

Definition des Wahrheitswerts einer Formel der Prädikatenlogik von den Junktoren der Prädikatenlogik unterscheiden kann.

Zur Berechnung des Wahrheitswerts einer Formel der Prädikatenlogik werden zunächst die Wahrheitswerte der in der Formel enthaltenen atomaren Formeln festgelegt. Besteht die Formel aus logischen Verknüpfungen von Teilformeln, so werden die Wahrheitsfunktionen der Aussagenlogik angewandt (Tab. 11.1). Quantoren erfordern eine auf ihre Bedeutung ausgerichtete Festlegung des Wahrheitswerts.

Tab. 11.1 Wahrheitstafel für die wichtigsten logischen Junktoren

α	β	*nicht* α	α *und* β	α *oder* β	α *imp* β	α *äq* β
W	*W*	*F*	*W*	*W*	*W*	*W*
W	*F*		*F*	*W*	*F*	*F*
F	*W*	*W*	*F*	*W*	*W*	*F*
F	*F*		*F*	*F*	*W*	*W*

Definition: (Formel gültig in einer Struktur)

Seien $\mathcal{A}$ eine Struktur und α eine Formel. Dann gilt:

α ist *gültig* in $\mathcal{A}$, Kurzschreibweise $\vDash_{\mathcal{A}} \alpha$
gdw.[1] für jede Belegung h über $\mathcal{A}$ gilt: $W_{\mathcal{A}}(\alpha, h) = W$.

Abb. 11.7 Definition Formel gültig in einer Struktur (gdw. ist die Abkürzung von „genau dann, wenn".)

Beispiele für den Wahrheitswert einer Formel

- Gegeben sei die Struktur $\mathcal{A} = (\mathbb{N}, \{+_{\mathbb{N}}, *_{\mathbb{N}}, 0_{\mathbb{N}}\}, \{\leq_{\mathbb{N}}\})$ über der Sprache $L = (\{+, *, 0\}, \{\leq\})$.
  Der Wahrheitswert der Formel $\alpha = x \leq y$ über $\mathcal{A}$ unter der Belegung $h_1(x) = 1$, $h_1(y) = 2$ ist W (wahr), dagegen ist er F (falsch) unter der Belegung $h_2(x) = 2$, $h_2(y) = 1$.
- Die Struktur $\mathcal{A} = (\mathbb{R}, \{+_{\mathbb{R}}, *_{\mathbb{R}}, 0_{\mathbb{R}}\}, \{\leq_{\mathbb{R}}\})$ beschreibt die reellen Zahlen mit Addition, Multiplikation und Kleiner-Gleich-Relation.
  Ordnet man der Formel $\alpha = \forall x\ (0 \leq x \rightarrow \exists y\ (0 \leq y \wedge x \doteq y * y))$ die Anwendungswelt der reellen Zahlen zu, so drückt sie aus, dass jede positive reelle Zahl eine Wurzel besitzt. Der Wahrheitswert dieser Formel hängt nicht von einer speziellen Belegung ab, sondern er wird durch eine Minimum-Maximum-Berechnung ermittelt, die alle Kombinationen von reellen Zahlen berücksichtigt. Dies ergibt den Wahrheitswert W (wahr), was die aus der Mathematik bekannte Tatsache widerspiegelt.

Der Wahrheitswert der Formel des zweiten Beispiels ist unabhängig von einer Belegung in der betrachteten Struktur immer wahr. Diese Eigenschaft wird mit dem Begriff der *Gültigkeit in einer Struktur* bezeichnet (Abb. 11.7).

Es gibt Formeln, die in allen Strukturen gültig sind. Diese Eigenschaft heißt *allgemeingültig*. Eine allgemeingültige Formel wird auch als *Tautologie* bezeichnet (Abb. 11.8).

Definition: (Allgemeingültigkeit, Tautologie)

Seien L eine Sprache und α eine Formel für L. Dann gilt:

α ist *allgemeingültig*, Kurzschreibweise $\models \alpha$
gdw. α ist gültig in jeder Struktur für L.

Eine allgemeingültige Formel heißt auch *Tautologie*.

Abb. 11.8 Definition Allgemeingültigkeit, Tautologie

Beispiele für gültig und allgemeingültig

- Die Formel $\forall x\ (0 \leq x \rightarrow \exists y\ (0 \leq y \wedge x \doteq y * y))$
  ist gültig in $\mathcal{A} = (\mathbb{R}, \{+_\mathbb{R}, *_\mathbb{R}, 0_\mathbb{R}\}, \{\leq_\mathbb{R}\})$,
  aber nicht in $\mathcal{A} = (\mathbb{N}, \{+_\mathbb{N}, *_\mathbb{N}, 0_\mathbb{N}\}, \{\leq_\mathbb{N}\})$.
- Sei R ein n-stelliges Relationssymbol mit $n \geq 1$. Dann ist die Formel $R(x_1, \ldots, x_n) \vee \neg R(x_1, \ldots, x_n)$ allgemeingültig. Generell ist jede Formel der Form $\alpha \vee \neg\alpha$ allgemeingültig.
- Die folgende Formel ist allgemeingültig:

$$\forall x\ (\alpha \rightarrow \beta) \wedge \exists x\ \alpha \rightarrow \exists x\ \beta.$$

  α und β sind hierbei beliebige Formeln. Der Einfachheit halber können wir annehmen, dass die Variable x sowohl in α als auch in β vorkommt.

Ist eine Formel in einer Struktur gültig, so nennt man die Struktur ein *Modell* der Formel. Der Begriff Modell wird verallgemeinert für Mengen von Formeln (Abb. 11.9).

Gibt es mindestens ein Modell zu einer Formel, so hat sie die Eigenschaft *erfüllbar*. In Abb. 11.10 wird diese Eigenschaft allgemein für Formelmengen definiert.

Das wichtigste algorithmische Konzept der Prädikatenlogik, nämlich die logische Schlussfolgerung, basiert auf dem Begriff des Modells. Das Prinzip der Schlussfolgerung

Definition: (Modell)

Seien $L = (\mathcal{F}, \mathcal{R})$ eine Sprache, Σ eine beliebige Menge von Formeln für L und $\mathcal{A}$ eine Struktur für L. Dann gilt:

$\mathcal{A}$ ist ein *Modell* von Σ, Kurzschreibweise $\mathcal{A}\ Mod_L\ \Sigma$
gdw. für jedes $\alpha \in \Sigma$ ist $\models_\mathcal{A} \alpha$.

Abb. 11.9 Definition Modell

Definition: (Erfüllbarkeit)

Eine Formelmenge Σ ist *erfüllbar*
gdw. für Σ existiert ein Modell.

Abb. 11.10 Definition Erfüllbarkeit

wird ab Abschn. 11.5 ausführlich beschrieben. In der Definition der Abb. 11.11 wird festgelegt, wie eine Formel aus einer Formelmenge folgt.

Der Folgerungsbegriff ist z. B. die Grundlage des Geschäftsprozessmanagements unter Verwendung von Geschäftsregeln. Geschäftsregeln zusammen mit dynamisch ermitteltem Faktenwissen bilden eine Wissensbasis für einen Geschäftsprozess. Soll in einer bestimmten Situation eine Entscheidung herbeigeführt werden, beispielsweise wenn das abschließende Ereignis eines komplexen Ereignisses eingetreten ist, so wird untersucht, ob die zur Entscheidung anstehende Handlungsanweisung aus der aktuell vorhandenen Wissensbasis gefolgert werden kann oder nicht.

Wenn man einen für eine Anwendung wichtigen Zusammenhang mit einer Formel beschreibt, dann ist die nahe liegende Formel nicht unbedingt die für eine algorithmische Bearbeitung am besten geeignete Formel. Deshalb benötigt man Möglichkeiten, die Formeln so umzuformen, dass ihr inhaltlicher Gehalt unverändert bleibt, die Form aber auf eine effiziente Verarbeitung zugeschnitten ist. Die in Abb. 11.12 definierte Eigenschaft der *logischen Äquivalenz* ermöglicht eine solche Aufbereitung von Wissensinhalten.

Definition: (Formel folgt aus Formelmenge)

Seien α eine Formel und Σ eine beliebige Menge von Formeln für die gemeinsame Sprache L. Dann gilt: α *folgt* aus Σ, Kurzschreibweise $\Sigma \models \alpha$
gdw. α ist gültig in jedem Modell von Σ.

Abb. 11.11 Definition Formel folgt aus Formelmenge

Definition: (logische Äquivalenz)

Seien L eine Sprache und α, β Formeln für L. α und β sind *logisch äquivalent*, Kurzschreibweise $\alpha \equiv \beta$
gdw. für jede Struktur $\mathcal{A}$ für L gilt $\models_{\mathcal{A}} \alpha$ gdw. $\models_{\mathcal{A}} \beta$.

Abb. 11.12 Definition logische Äquivalenz

Ein typisches Beispiel für eine logische Äquivalenz ist $\forall x \forall y\ \alpha \equiv \forall y \forall x\ \alpha$. Mit solchen Äquivalenzen werden in Abschn. 11.3 systematische Umformungen von Formeln durchgeführt.

11.3 Aussagen in der Prädikatenlogik

Im Folgenden wird gezeigt, welche Form von Formeln für die algorithmische Verarbeitung geeignet ist. Ein erster Schritt besteht in einer einheitlichen Verwendung von Variablen. Insbesondere muss festgelegt werden, wie eine freie Variable, die nicht durch einen Quantor gebunden ist, behandelt werden soll. In der Definition der Abb. 11.13 wird zunächst beschrieben, was die Eigenschaften *frei* bzw. *gebunden* für Variablen bedeuten.

Beispiel für eine Formel mit gebundenen und freien Variablen

$$\forall x\ 0 \leq x \wedge \forall y\ (0 \leq y \wedge y < x \rightarrow \exists z\ y + z \doteq x)$$

Die Variablen y und z sind gebundene Variablen. Die Variable x kommt im Wirkungsbereich eines Allquantors vor als gebundene Variable und unabhängig davon in der zweiten Teilformel der Konjunktion als freie Variable. Dies ist erlaubt, man könnte auch statt dessen x_1 und x_2 verwenden.

Die Problematik mit Variablen, die gleichzeitig frei und gebunden vorkommen, wird dadurch behoben, dass man keine freien Variablen zulässt. Eine solche Formel heißt *Aussage* (Abb. 11.14).

Der Wahrheitswert einer Aussage der Prädikatenlogik über einer Struktur $\mathcal{A}$ ist unabhängig von einer Belegung entweder wahr oder falsch.

Definition: (gebundene Variable, freie Variable)

Eine Variable in einer Formel heißt *gebunden*, wenn sie im Wirkungsbereich eines Quantors ist, andernfalls heißt sie *frei*.

Abb. 11.13 Definition gebundene Variable, freie Variable

Definition: (Aussage)

Eine Formel α ist eine *Aussage*
gdw. α enthält keine freie Variable.

Abb. 11.14 Definition Aussage

Wird eine freie Variable einer Formel durch einen Allquantor gebunden, so hat dies keine Auswirkung auf die Gültigkeit in einer Struktur, denn für die Gültigkeitsbewertung muss sowieso jede Belegung der Variablen berücksichtigt werden. Es gilt der folgende Satz.

Satz A1 Kommt in der Formel α die Variable x frei vor, so gilt $\alpha \equiv \forall x\ \alpha$.

Aus Satz A1 folgt insbesondere, dass man in einer Anwendung auf Formeln mit freien Variablen verzichten kann. Eine weitere Vereinheitlichung der Formeln für eine algorithmische Verarbeitung wird mit Hilfe einer Menge von Umformungsregeln erreicht, die auf bekannten Paaren von äquivalenten Formeln beruhen. Die wichtigsten werden im Folgenden vorgestellt.

Beispiele für Sätze über äquivalente Aussagen:

$$\begin{aligned} \forall x \forall y\ \alpha &\equiv \forall y \forall x\ \alpha, \\ \exists x \exists y\ \alpha &\equiv \exists y \exists x\ \alpha, \\ \neg \forall x\ \alpha &\equiv \exists x\ \neg\alpha, \\ \neg \exists x\ \alpha &\equiv \forall x\ \neg\alpha. \end{aligned}$$

Es gilt die folgende negierte Äquivalenz: $\forall x \exists y\ \alpha \not\equiv \exists y \forall x\ \alpha$.

Falls x nicht frei in α vorkommt, gelten die folgenden Sätze zur sogenannten *Quantorenverschiebung:*

$$\begin{aligned} \forall x\ (\alpha \wedge \beta) &\equiv \alpha \wedge \forall x\ \beta, \\ \forall x\ (\alpha \vee \beta) &\equiv \alpha \vee \forall x\ \beta, \\ \exists x\ (\alpha \wedge \beta) &\equiv \alpha \wedge \exists x\ \beta, \\ \exists x\ (\alpha \vee \beta) &\equiv \alpha \vee \exists x\ \beta. \end{aligned}$$

Weiterhin gelten die folgenden Sätze zur *Quantorenverteilung:*

$$\begin{aligned} &\forall x\ (\alpha \wedge \beta) \equiv \forall x\ \alpha \wedge \forall x\ \beta, \text{ aber: } \exists x\ (\alpha \wedge \beta) \not\equiv \exists x\ \alpha \wedge \exists x\ \beta, \\ &\exists x\ (\alpha \vee \beta) \equiv \exists x\ \alpha \vee \exists x\ \beta, \text{ aber: } \forall x\ (\alpha \vee \beta) \not\equiv \forall x\ \alpha \vee \forall x\ \beta. \end{aligned}$$

Im Folgenden betrachten wir nur *bereinigte Formeln* α, d. h. es gibt keine Variable, die in α sowohl gebunden als auch frei vorkommt, und alle Quantoren von α binden unterschiedliche Variablen. Zu jeder Formel kann man durch geeignete Umbenennungen immer eine logisch äquivalente bereinigte Formel finden (vgl. (Schöning 2000, S. 62)).

Der nächste Schritt zur Vereinheitlichung der in einer Anwendung verwendeten Formeln besteht darin, dass man alle Quantoren als Block an den Anfang der Formel stellt. Eine Aussage mit dieser Eigenschaft heißt *pränexe Aussage* (Abb. 11.15).

Die Rechtfertigung, dass man sich auf pränexe Aussagen beschränken kann, gibt Satz A2.

Definition: (pränexe Aussage)

Eine Formel α ist eine *pränexe Aussage* gdw. α ist eine Aussage und α hat die Form $\pi\alpha'$, wobei $\pi = q_1...q_n$ mit $q_i = \forall x$ oder $q_i = \exists x$ $(i = 1, ..., n)$, mit x ist eine Variable, die in α vorkommt, und α' ist eine quantorenfreie Formel.

Abb. 11.15 Definition pränexe Aussage

Definition: (Skolemform, Skolemisierung)

Sei $\alpha = q_1...q_n\alpha'$ mit $q_i = \forall x_i$ oder $q_i = \exists x_i$ $(i = 1, ..., n)$ eine bereinigte pränexe Aussage. Eine Aussage β ist die *Skolemform* zu α, falls β aus α nach dem folgenden Verfahren entsteht:

Im Quantorenblock sucht man von links her die nächste mit einem Existenzquantor gebundene Variable x_i $(i \in \{1, ..., n\})$ und ersetzt sie in α' durch einen funktionalen Term $f(x_1, ..., x_{i-1})$, wobei f ein neues bisher nicht in α vorkommendes Funktionssymbol mit passender Stellenzahl ist. $\exists x_i$ wird gelöscht. Dies wird solange wiederholt, bis kein Existenzquantor mehr vorhanden ist.

Den Vorgang des Herstellens einer Skolemform bezeichnet man als *Skolemisierung*.

Abb. 11.16 Definition Skolemisierung

Satz A2 Zu jeder Aussage gibt es eine logisch äquivalente pränexe Aussage.

Zum Beweis von Satz A2 siehe (Schöning 2000, S. 63). Das Herstellen einer pränexen Aussage erfolgt mit Regeln wie beispielsweise Quantorenverschiebung oder Quantorenverteilung.

Eine weitere Spezialform für Aussagen, die sogenannte *Skolemform*[1], entsteht dadurch, dass alle Existenzquantoren ersetzt werden (Abb. 11.16). Das Prinzip dabei ist, dass man in einer Aussage wie „Für alle x gibt es ein y" die Abhängigkeit des y von x als funktionale Zuordnung $y = f(x)$ interpretiert und anstatt y den Term $f(x)$ verwendet.

Bemerkung Steht bei der Ersetzung einer existenziell quantifizierten Variablen x_i der Quantor an erster Stelle des Quantorenblocks, dann wird x_i durch ein nullstelliges Funktionssymbol, also durch eine Konstante ersetzt.

[1] Albert Thoralf Skolem (1887–1963), norwegischer Mathematiker, Logiker und Philosoph.

Beispiel Skolemisierung

Das folgende theoretische Beispiel zeigt die Schritte bei der Ersetzung mehrerer Existenzquantoren (vgl. (Schöning 2000, S. 64)).

$$\forall x\, \exists y\, \forall z\, \exists v\, (\neg R(x, y) \wedge Q(f(z), v))$$
$$\text{1. Schritt: } \forall x\, \forall z\, \exists v\, (\neg R(x, f_1(x)) \wedge Q(f(z), v))$$
$$\text{2. Schritt: } \forall x\, \forall z\, (\neg R(x, f_1(x)) \wedge Q(f(z), f_2(x, z)))$$

Das Prinzip der Skolemisierung besteht darin, anstatt die Existenz eines Objekts zu formulieren, ein solches Objekt konkret zu benennen, wobei mit Hilfe einer Funktion die durch Allquantoren bestehende Abhängigkeit von anderen Objekten ausgedrückt wird.

Beispiel Skolemisierung einer Geschäftsregel

„Jeder Kunde hat eine Kundennummer."

$\forall x\, (Kunde(x) \rightarrow \exists y\, (Kundennummer(y) \wedge GehoertZu(y, x)))$

Prinzip der Skolemisierung für diese Formel:

$$\begin{aligned} & \forall x\, (K(x) \rightarrow \exists y\, (KdNr(y) \wedge GZ(y, x))) \\ \equiv\; & \forall x\, (\neg K(x) \vee \exists y\, (KdNr(y) \wedge GZ(y, x))) \\ \equiv\; & \forall x\, \exists y\, (\neg K(x) \vee (KdNr(y) \wedge GZ(y, x))) \\ \equiv\; & \forall x\, (\neg K(x) \vee (KdNr(nr(x)) \wedge GZ(nr(x), x))) \\ \equiv\; & \forall x\, (K(x) \rightarrow (KdNr(nr(x)) \wedge GZ(nr(x), x))) \end{aligned}$$

Ergebnis:

$\forall x\, (Kunde(x) \rightarrow (Kundennummer(nr(x)) \wedge GehoertZu(nr(x), x)))$

Das Ergebnis der Skolemisierung ist weniger verständlich als die ursprüngliche Formel, sie hat aber keinen Existenzquantor mehr. Haben alle Formeln einer Wissensbasis diese Eigenschaft, dann kann man die Resolution als logisches Beweisverfahren anwenden (siehe Abschn. 11.6).

Da eine Skolemformel zusätzliche Funktionssymbole enthält, sind auch die Modelle einer Skolemformel verschieden zu den Modellen der Ausgangsformel. Dies bedeutet, dass Skolemformel und Ausgangsformel nicht logisch äquivalent sein können (vgl. die Definition der logischen Äquivalenz in Abschn. 11.2). Eine etwas schwächere Äquivalenz-Beziehung stellt die in Abb. 11.17 beschriebene Definition der *Erfüllbarkeitsäquivalenz* dar.

Erfüllbarkeitsäquivalenz für zwei Formeln α und β bedeutet, dass keine der beiden Formeln ein Modell hat, oder dass jede der beiden Formeln ein Modell hat, wobei die Modelle unterschiedlich sein können.

Satz A3 Eine Aussage ist erfüllbarkeitsäquivalent zu ihrer Skolemform.

Zum Beweis siehe z. B. (Schöning 2000, S. 65).

Definition: (Erfüllbarkeitsäquivalenz)

Eine Formel α ist *erfüllbarkeitsäquivalent* zu der Formel β gdw. (α besitzt ein Modell gdw. β besitzt ein Modell).

Abb. 11.17 Definition Erfüllbarkeitsäquivalenz

Bedeutung der Skolemform zusammen mit der Erfüllbarkeitsäquivalenz Will man wissen, ob eine Aussage α aus einer Formelmenge (Wissensbasis) Σ folgt, dann muss man gemäß der Definition der Eigenschaft „folgt aus" zeigen, dass α gültig ist in jedem Modell von Σ. Eine andere Herangehensweise besteht darin, zu zeigen, dass die Formelmenge $\Sigma \cup \{\neg\alpha\}$ kein Modell besitzt. Da man voraussetzt, dass eine Wissensbasis immer ein Modell besitzt, hätte man dann bewiesen, dass $\neg\alpha$ in keinem Modell der Wissensbasis Σ gültig ist. Dies kann man dahingehend uminterpretieren, dass das nicht verneinte α in jedem Modell von Σ gültig ist, also dass α aus Σ folgt. Für den Beweis, dass $\Sigma \cup \{\neg\alpha\}$ kein Modell besitzt, genügt es, anstatt der Formeln aus Σ und der Formel α die jeweiligen Skolemformen zu verwenden, da diese jeweils erfüllbarkeitsäquivalent zu den ursprünglichen Formeln sind.

11.4 Konjunktive und disjunktive Normalform

Die Skolemform einer Aussage ist eine Formel, die keine freien Variablen mehr enthält, und alle Variablen sind allquantifiziert. Verwendet man in einer Anwendung nur noch Aussagen in der Skolemform, dann lässt man üblicherweise die Quantoren weg. Eine solche Formel besteht dann aus nicht negierten oder negierten atomaren Formeln, sogenannten *Literalen* (Abb. 11.18), die mit Hilfe der logischen Quantoren $\neg$, $\wedge$, $\vee$, $\rightarrow$ und $\leftrightarrow$ zusammengesetzt sind.

Ein Literal ist ein nicht negierter oder negierter relationaler Ausdruck der Form $R(t_1, \ldots, t_n)$, wobei R ein n-stelliges Relationssymbol und $t_1, \ldots, t_n$ Terme der zugrunde liegenden Sprache sind, oder eine nicht negierte oder negierte Gleichung der Form $t_1 \doteq t_2$.

Mit den in Abb. 11.19 definierten *disjunktiven* und *konjunktiven Normalformen* hat man nun eine einheitliche Form für prädikatenlogische Formeln zur Verfügung, die sich für eine algorithmische Verarbeitung eignet.

Definition: (Literal)

Eine *Literal* ist eine nicht negierte oder negierte atomare Formel.

Abb. 11.18 Definition Literal

Definition: (disjunktive und konjunktive Normalform)

Eine Formel α ist in *disjunktiver Normalform*
gdw. α hat die Form $\alpha = K_1 \vee ... \vee K_n$,
wobei jedes K_i $(i = 1, ..., n)$ eine Konjunktion von Literalen ist.

Eine Formel α ist in *konjunktiver Normalform*
gdw. α hat die Form $\alpha = D_1 \wedge ... \wedge D_n$,
wobei jedes D_i $(i = 1, ..., n)$ eine Disjunktion von Literalen ist.

Abb. 11.19 Definition disjunktive und konjunktive Normalform

Beispiel Disjunktive Normalform (in Skolemform)
$(R(f(x, y)) \wedge \neg P(y, z)) \vee (R(z) \wedge \neg P(g(y), f(x, y)) \wedge P(y, z))$

Beispiel Konjunktive Normalform (in Skolemform)
$(R(f(x, y)) \vee \neg P(y, z)) \wedge (R(z) \vee \neg P(g(y), f(x, y)) \vee P(y, z))$

Der folgende Satz drückt aus, dass es berechtigt ist, sich bei der algorithmischen Verarbeitung von Wissen, das als Menge von prädikatenlogischen Formeln repräsentiert ist, auf Formeln in disjunktiver bzw. konjunktiver Normalform zu beschränken.

Satz A4 Zu jeder Formel der Prädikatenlogik gibt es eine äquivalente Formel in disjunktiver Normalform sowie eine äquivalente Formel in konjunktiver Normalform.

Der Beweis dieses Satzes beinhaltet einen Algorithmus, mit dem man zu jeder beliebigen Formel eine disjunktive oder konjunktive Normalform herstellen kann (siehe z. B. (Schöning 2000, S. 28)).

11.5 Schlussregeln

Die Aufgabe einer wissensbasierten bzw. regelbasierten Software besteht im Prinzip darin, aus vorhandenem Wissen neues Wissen herzuleiten. Oftmals geht man dabei zielgerichtet vor, indem man für eine gegebene Aussage überprüft, ob sie aus dem vorhandenen Wissen logisch folgt oder nicht. Auch ein negatives Ergebnis ist ein neues Wissen, das man gewinnbringend verwenden kann, um beispielsweise eine Entscheidung zu treffen.

In der Prädikatenlogik werden *Schlussregeln* verwendet, um aus vorhandenem Wissen neues Wissen abzuleiten. Die allgemeine Form einer Schlussregel ist

$$\frac{\alpha_1, \ldots, \alpha_n}{\beta}$$

Definition: (Abtrennungsregel)

$$\text{(a)}\quad \frac{\alpha \rightarrow \beta \qquad \alpha}{\beta} \qquad\qquad \text{(b)}\quad \frac{\neg\alpha \vee \beta \qquad \alpha}{\beta}$$

Abb. 11.20 Definition Abtrennungsregel

wobei $\alpha_1, \ldots, \alpha_n$ Formeln sind, die bekanntes Wissen ausdrücken, und β eine Formel für das neue Wissen.

Dass die Anwendung einer Schlussregel im formalen Rahmen der Prädikatenlogik gerechtfertigt ist, wird durch den folgenden Satz ausgedrückt.

Satz A5 (Korrektheit der Schlussregeln) Wenn β aus $\alpha_1, \ldots, \alpha_n$ durch Anwendung einer Schlussregel entsteht, dann gilt $\{\alpha_1, \ldots, \alpha_n\} \models \beta$, in Worten: β folgt aus der Formelmenge $\{\alpha_1, \ldots, \alpha_n\}$.

Die wichtigste Schlussregel der Prädikatenlogik ist die *Abtrennungsregel* (Modus ponens). Es gibt eine Variante, die das natürliche logische Schlussfolgern der Menschen direkt widerspiegelt (Abb. 11.20(a)), und es gibt eine technische Variante, die in den meisten Software-Realisierungen verwendet wird (Abb. 11.20(b)).

Die Form (a) ist die klassische Abtrennungsregel. Die Variante (b) entsteht durch die Äquivalenz $\alpha \rightarrow \beta \equiv \neg\alpha \vee \beta$. Sie ist die einfachste Form der in Abschn. 11.6 behandelten Resolutionsregel.

Beispiel Anwendung der Abtrennungsregel

$$\frac{Mensch(sokrates) \rightarrow Sterblich(sokrates) \qquad Mensch(sokrates)}{Sterblich(sokrates)}$$

11.6 Resolutionskalkül

Der Resolutionskalkül ist das in der Praxis am häufigsten eingesetzte Verfahren, um für eine Aussage zu überprüfen, ob sie aus einer Wissensbasis folgt. Der Hauptmechanismus basiert auf der disjunktiven Variante der Abtrennungsregel, die als Resolutionsregel bezeichnet wird.

Im Resolutionskalkül verwendet man nur skolemisierte Aussagen in *Klauselform* (siehe z. B. (Beierle und Kern-Isberner 2019)). Dies bedeutet insbesondere, dass alle vorkommenden Variablen als allquantifiziert zu interpretieren sind. Die Allquantoren werden weggelassen (Abb. 11.21).

Die Klauselform einer Formel ist offensichtlich sehr gut für eine Implementierung geeignet, etwa in Form einer Liste, deren Elemente wiederum Listen sind, die die Klauseln repräsentieren.

Eine Formel in Klauselform besteht aus einer Konjunktion von Klauseln. Eine Wissensbasis besteht aus einer Menge von Formeln, die man sich alle konjunktiv verknüpft vorstellen kann. Sind alle Formeln einer Wissensbasis in Klauselform, so stellt die Wissensbasis folglich eine Menge von Klauseln dar. Um auf einer solchen Wissensbasis logische Schlussfolgerungen durchführen zu können, wird die *Resolutionsregel* als eine verallgemeinerte Form der Abtrennungsregel definiert (Abb. 11.22).

Die beiden Literale L und $\neg L'$ der Resolutionsregel (Abb. 11.22) werden als *komplementäres Paar von Literalen* bezeichnet. Etwas vereinfacht ausgedrückt besteht bei der Anwendung der Resolutionsregel die Aufgabe darin, in zwei Klauseln α_1 und α_2 ein komplementäres Paar von Literalen zu identifizieren, beide Literale zu streichen und alle übrigen Literale der beiden Klauseln nach Durchführung der Unifikation zu einer neuen Klausel zusammenzufassen.

Beispiel Anwendung der Resolutionsregel

Es gilt: $\forall x\ (Mensch(x) \rightarrow Sterblich(x)) \ \equiv\ \forall x(\neg Mensch(x) \vee Sterblich(x))$.

$$\frac{\begin{array}{ll}\{\neg Mensch(x), Sterblich(x)\} & \\ \{Mensch(sokrates)\} & \sigma(x) = sokrates\end{array}}{\{Sterblich(sokrates)\}}$$

Definition: (Klauselform)

Eine skolemisierte Formel α ist in Klauselform gdw. α ist in konjunktiver Normalform, wobei die Konjunktionsglieder als Mengen von Literalen in der Form $\{L_1, ..., L_n\}$ $(n \geq 0)$ dargestellt sind. Eine solche Menge von Literalen heißt *Klausel.* Ist $n = 0$, so nennt man die Klausel die *leere Klausel* und verwendet dafür (meist) das Symbol $\Box$.

Abb. 11.21 Definition Klauselform

Definition: (Resolutionsregel)

Seien $\alpha_1 = \{L, A_1, ..., A_n\}$, $\alpha_2 = \{\neg L', B_1, ..., B_m\}$ zwei Klauseln. Dann lässt sich mit der folgenden *Resolutionsregel* eine neue Klausel β folgern:

$$\frac{\begin{array}{ll}\{L, A_1, ..., A_n\} & \\ \{\neg L', B_1, ..., B_m\} & \sigma(L) = \sigma(L')\end{array}}{\{\sigma(A_1), ..., \sigma(A_n), \sigma(B_1), ..., \sigma(B_m)\}}$$

Die neue Klausel heißt *Resolvente.*

Diese Regel kann nur angewendet werden, falls ein *allgemeinster Unifikator* σ existiert, der durch geeignete Ersetzungen $\sigma(x)$ der in L und L' vorkommenden Variablen dafür sorgt, dass die dadurch entstehenden Literale $\sigma(L)$ und $\sigma(L')$ identische Literale werden. Dieses Verfahren der sogenannten *Unifikation* wird in Abschn. 11.7 erklärt.

Abb. 11.22 Definition Resolutionsregel

Mit dem Wissen, dass alle Menschen sterblich sind und dass Sokrates ein Mensch ist, lässt sich mit Hilfe der Resolutionsregel herleiten, dass Sokrates sterblich ist.

Eine Wissensbasis besteht aus einer Menge von Aussagen, die man als gültig in einem zugrunde gelegten Modell annimmt. Es machen nur *widerspruchsfreie* Wissensbasen einen Sinn, denn sonst lässt sich jede Aussage schlussfolgern. Abb. 11.23 zeigt die Definition des Begriffs der Widerspruchsfreiheit für eine Menge von Aussagen.

Ist eine Formelmenge Σ widerspruchsfrei, so kann Σ nicht gleichzeitig eine Formel α und die Negation $\neg\alpha$ enthalten, denn wegen $\alpha \in \Sigma$ gilt automatisch α ist gültig in jedem Modell von Σ, also $\Sigma \models \alpha$. Wäre auch $\neg\alpha \in \Sigma$, so würde auch gelten $\Sigma \models \neg\alpha$, was wegen der Widerspruchsfreiheit nicht sein kann.

Definition: (Widerspruchsfreiheit)

Eine Menge von Aussagen Σ heißt *widerspruchsfrei* gdw. es gibt keine Aussage α mit $\Sigma \models \alpha$ und $\Sigma \models \neg\alpha$.

Eine Menge von Aussagen heißt *widerspruchsvoll*, wenn sie nicht widerspruchsfrei ist.

Abb. 11.23 Definition Widerspruchsfreiheit

Beim Resolutionskalkül gibt man eine Zielklausel vor, für die man zeigen will, dass sie aus der Wissensbasis folgt. Dazu geht man indirekt vor, indem man für die negierte Zielklausel zeigt, dass sie mit der Wissensbasis zusammen einen Widerspruch ergibt. Ein Widerspruch ergibt sich, wenn sich durch eine endliche Folge von Anwendungen der Resolutionsregel die leere Klausel herleiten lässt. Dies ist genau dann der Fall, wenn man eine einelementige Klausel α und auch das Gegenteil $\neg\alpha$ folgern kann, denn dann ergibt die Resolvente aus α und $\neg\alpha$ die leere Klausel $\square$.

Beispiel Herleitung der leeren Klausel durch Resolution

Die Wissensbasis enthalte die Regel $\{\neg Mensch(x), Sterblich(x)\}$ in Klauselform *(Alle Menschen sind sterblich)* sowie den Fakt $\{Mensch(sokrates)\}$ *(Sokrates ist ein Mensch).*

Es soll gezeigt werden, dass Sokrates sterblich ist. Dazu formuliert man die Klausel $\{Sterblich(sokrates)\}$ als Zielklausel und fügt die negierte Zielklausel $\{\neg Sterblich(sokrates)\}$ zur Wissensbasis hinzu. Lässt sich nun mit eventuell mehrmaligem Anwenden der Resolutionsregel die leere Klausel herleiten, dann folgt die ursprünglich vorgegebene nicht negierte Zielklausel aus der vorhandenen Wissensbasis (Abb. 11.24).

Für die Anwendung der Resolutionsregel darf keine Variable in unterschiedlichen Klauseln vorkommen. Sollen z. B. die beiden Regeln

$$\forall x\ (Mensch(x) \rightarrow Sterblich(x)),$$
$$\forall x\ (Mensch(x) \rightarrow HatEltern(x))$$

in eine Wissensbasis aufgenommen werden, so würde man die beiden Regeln als Klauseln in der folgenden Weise mit unterschiedlichen Variablen hinzufügen:

$$\{\neg Mensch(x_1), Sterblich(x_1)\},$$
$$\{\neg Mensch(x_2), HatEltern(x_2)\}.$$

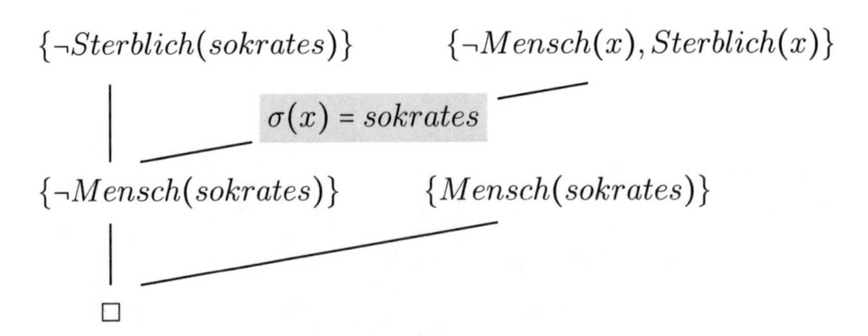

Abb. 11.24 Herleitung der leeren Klausel durch Resolution

Aufgrund der beschriebenen indirekten Vorgehensweise bezeichnet man die Resolution als *Widerlegungsverfahren.* Ein Widerlegungsverfahren, das immer erkennt, wenn in einer Klauselmenge ein Widerspruch vorhanden ist, heißt *widerlegungsvollständig.*

Die hier vorgestellte Form der Resolution, bei der Klauseln als Mengen aufgefasst werden, ist widerlegungsvollständig, wenn bei einer Implementierung der Resolutionsregel die sogenannte *Faktorisierung* integriert wird. Dies bedeutet, dass z. B. eine Resolvente der Form $\{\sigma(A_1), \sigma(A_2), \sigma(B_1)\}$, bei der $\sigma(A_1) = \sigma(A_2)$ gilt, automatisch verkürzt wird zu der Klausel $\{\sigma(A_1), \sigma(B_1)\}$, entsprechend der Gleichheit $\{a, a, b\} = \{a, b\}$ bei Mengen.

11.7 Unifikation

Ein wesentlicher Bestandteil der Resolutionsregel ist die Gleichmachung der Terme in den beiden komplementären Literalen L und $\neg L'$, die bei der Resolution eliminiert werden. Dies wird durch eine Ersetzung von Variablen erreicht, die als *Substitution* bezeichnet wird (Abb. 11.25).

Eine Substitution σ kann eine Variable x unverändert lassen durch $\sigma(x) = x$. Wendet man die Substitution σ auf einen Term t an, der nur Variablen aus der Menge $\{x_1, \ldots, x_n\}$ enthält, so werden alle in t vorkommenden Variablen x durch $\sigma(x)$ ersetzt. Das Resultat wird mit $\sigma(t)$ bezeichnet und heißt *Instanz des Terms t*. Enthält eine Instanz eines Terms keine Variable mehr, so wird sie als *Grundinstanz* bezeichnet. Werden alle Variablen einer Formel α durch die Substitution σ ersetzt, so bezeichnet man das Ergebnis mit $\sigma(\alpha)$.

Beispiel Substitution

Seien $V = \{x, y, z\}$ eine Variablenmenge und σ eine Substitution mit $\sigma(x) = g(a), \sigma(y) = b, \sigma(z) = z$, wobei g ein einstelliges Funktionssymbol ist, a und b sind Konstanten.

Wendet man σ auf das Literal $L = R(f(x, g(z)), h(a, y))$ an, so gilt $\sigma(L) = R(f(g(a), g(z)), h(a, b))$.

Werden zwei Literale durch eine Substitution gleich gemacht *(unifiziert),* so nennt man diese Substitution einen *Unifikator* (Abb. 11.26).

Definition: (Substitution)

Sei $V = \{x_1, ..., x_n\}$, $n \geq 1$, eine endliche Menge von Variablen. Eine *Substitution* σ ist eine Abbildung, die jeder Variablen $x_i \in V$, $1 \leq i \leq n$, einen Term $\sigma(x_i) = t_i$ zuordnet.

Abb. 11.25 Definition Substitution

Definition: (Unifikator)

Es seien α_1 und α_2 atomare Formeln und σ eine Substitution für die in den beiden Formeln vorkommenden Variablen. Gilt $\sigma(\alpha_1) = \sigma(\alpha_2)$, dann heißt σ *Unifikator* für α_1 und α_2.

Abb. 11.26 Definition Unifikator

Beispiele Unifikation

Die beiden Formeln $R(x, f(g(y)))$ und $R(f(a), f(z))$ mit den Variablen x, y, z und der Konstanten a können in der folgenden Weise unifiziert werden:

Unifikator

$$\sigma(x) = f(a)$$
$$\sigma(y) = y$$
$$\sigma(z) = g(y)$$

$$\begin{matrix} R(x, f(g(y))) \\ R(f(a), f(z)) \end{matrix} \longrightarrow R(f(a), f(g(y)))$$

Typische Formel-Paare, die sich nicht unifizieren lassen, sind

$$R(f(x)) - R(x),$$
$$R(f(x)) - R(g(y)),$$
$$R(f(x), x) - R(f(a), b).$$

Hierbei sind x, y Variablen, a, b Konstanten.

Wird eine Variable in einem Resolutionsablauf durch die Unifikation zu früh durch einen konstanten Term ersetzt, ohne dass dies notwendig wäre, so kann es passieren, dass die leere Klausel nicht hergeleitet wird, obwohl dies prinzipiell möglich wäre. Dieses Problem wird durch den *allgemeinsten Unifikator* behoben, der nur die notwendigen Ersetzungen vornimmt (Abb. 11.27).

Für jede Menge von unifizierbaren atomaren Formeln gibt es einen allgemeinsten Unifikator. Bis auf Variablenumbenennungen ist der allgemeinste Unifikator eindeutig bestimmt und kann mit dem Unifikationsalgorithmus von Robinson berechnet werden (siehe z. B. (Schöning 2000)).

Definition: (allgemeinster Unifikator)

σ ist ein *allgemeinster Unifikator* (engl. *most general unifier*, abgek. *mgu*) für die atomaren Formeln α_1 und α_2, wenn sich alle anderen Unifikatoren dadurch ergeben, dass man Variablen, die nach der Anwendung von σ noch übrig geblieben sind, geeignet ersetzt. D. h. zu jedem Unifikator σ' gibt es eine Substitution τ mit $\sigma' = \tau \circ \sigma$. Hierbei bedeutet $\tau \circ \sigma$, dass zuerst die Substitution σ angewendet wird, und anschließend auf das Ergebnis die Substitution τ.

Abb. 11.27 Definition allgemeinster Unifikator

Beispiel allgemeinster Unifikator

Der im vorigen Beispiel für das Formel-Paar $R(x, f(g(y)))$ und $R(f(a), f(z))$ angegebene Unifikator $\sigma(x) = f(a)$, $\sigma(y) = y$, $\sigma(z) = g(y)$ ist ein allgemeinster Unifikator, denn die Ersetzungen von x und y durch σ sind unverzichtbar, die Variable y muss für die Unifikation nicht ersetzt werden.

Auch $\sigma'(x) = f(a)$, $\sigma'(y) = b$, $\sigma'(z) = g(b)$ (b eine neue Konstante) wäre ein Unifikator, der aber kein allgemeinster Unifikator ist. Mit der Substitution $\tau(x) = x$, $\tau(y) = b$, $\tau(z) = z$ würde gelten $\sigma' = \tau \circ \sigma$.

11.8 Hornlogik

Die allgemeine Resolution ist sehr aufwändig. Beschränkt man sich auf eine eingeschränkte Menge von Formeln, die als *Hornformeln*[2] bezeichnet werden (siehe Definition in Abb. 11.28), so erhält man mit der Resolution ein sehr effizientes Widerlegungsverfahren. Die Ausdrucksstärke dieser sogenannten *Hornlogik* reicht aus, alle praktischen Anforderungen zu erfüllen.

Ist eine Hornformel in Klauselform, so enthält jede Klausel höchstens ein positives Literal. Eine solche Klausel heißt *Hornklausel*.

Beispiele für Hornklauseln

1. Wenn-dann-Regeln allgemein:
   $A \wedge B \wedge C \rightarrow D \equiv \neg A \vee \neg B \vee \neg C \vee D$
   In Klauselform: $\{\neg A, \neg B, \neg C, D\}$

[2] Alfred Horn (1918–2001), US-amerikanischer Mathematiker.

Definition: (Hornformel)

Eine Formel α ist eine *Hornformel*
gdw. α ist in konjunktiver Normalform, in der jede Disjunktion höchstens ein positives Literal enthält.

Abb. 11.28 Definition Hornformel

2. Beispiel für eine Wenn-dann-Regel:
   $\forall x\ (Mensch(x) \rightarrow Sterblich(x)) \equiv \forall x(\neg Mensch(x) \vee Sterblich(x))$
   In Klauselform: $\{\neg Mensch(x), Sterblich(x)\}$
3. Fakten:
   Mensch(sokrates)
   In Klauselform: $\{Mensch(sokrates)\}$
4. Zielklauseln:
   Sterblich(sokrates)?
   Negiert in Klauselform: $\{\neg Sterblich(sokrates)\}$

Ist das Wissen für eine Anwendung mit Hornklauseln formuliert, so werden Resolutionsbeweise bei bestimmten Vorgaben besonders einfach: Wenn die Wissensbasis nur aus Wenn-dann-Regeln ohne Negation besteht, was pro Regel eine Klausel der Form $\{\neg A_1, \neg A_2, \ldots, \neg A_n, B\}$, $n \geq 1$, ergibt, sowie aus Fakten in Form von positiven Literalen, und wenn die Zielklausel ein positives Literal ist, dann muss bei der Suche nach einer Partnerklausel für die negierte Zielklausel jeweils nur das einzige positive Literal in den für die Resolution in Frage kommenden Klauseln überprüft werden. Falls der Partner ein Fakt ist, so erhält man als Resolvente die leere Klausel. Falls der Partner eine Regel ist, dann erhält man als Resolvente eine Menge von negativen Literalen, die jeweils als sogenannte *Subgoals* nach demselben Prinzip weiterbearbeitet werden.

Die Strategie eines Resolutionsbeweises entspricht der *Backward-Chaining*-Strategie (siehe Abschn. 11.9.1), da man ausgehend von der Zielklausel rückwärts alle nötigen Subgoals beweist, bis keines mehr übrig ist.

Die Resolution für Hornklauseln ist *korrekt* in dem Sinne, dass wenn für eine negierte Zielklausel ein Widerspruch gefunden wird, dass dann die Zielklausel selbst tatsächlich aus der Wissensbasis folgt. Umgekehrt garantiert die Resolution, dass ein Widerspruch nach endlich vielen Schritten gefunden wird, wenn die Zielklausel aus der Wissensbasis folgt, d. h. die Resolution ist für Hornklauseln widerlegungsvollständig.

Folgt die Zielklausel nicht aus der Wissensbasis, dann kann es sein, dass das Resolutionsverfahren für die Hornlogik nicht abbricht. Dies ist nicht verwunderlich, denn die Hornlogik ist genauso wie die Prädikatenlogik nicht entscheidbar, d. h. es gibt kein Verfahren, das für eine beliebige Formelmenge Σ und für eine beliebige Formel α entscheiden kann, ob α aus Σ folgt oder nicht. (Zur Unentscheidbarkeit der Prädikatenlogik erster Stufe siehe z. B. (Schöning 2000)).

Beispiel Geschäftsregeln

Eine Firma produziert unterschiedliche Geräte wie PCs, Laptops und Tablets. Geräte, die noch nicht verkauft sind, werden in einem Lager zwischengespeichert. Es soll überprüft werden, ob ein Kunde, der einen Laptop bestellt hat, diesen geliefert bekommt.

In der Wissensbasis seien die folgenden Fakten und Regeln enthalten, die hier zunächst als prädikatenlogische Formeln angegeben sind.

Ist ein Artikel im Lager vorhanden oder er wird gerade produziert, so ist er verfügbar.

$$\forall x(Artikel(x) \wedge (ImLager(x) \vee InProduktion(x)) \rightarrow Verfuegbar(x))$$

Ist ein bestellter Artikel verfügbar, wird er an den Kunden ausgeliefert.

$$\forall x \forall y\ (Kunde(x) \wedge HatBestellt(x, y) \wedge Artikel(y) \wedge Verfuegbar(y) \rightarrow LiefernAn(y, x))$$

Die Firma verkauft die folgenden Artikel: PCs, Laptops, Tablets.

$$Artikel(pc)$$

$$Artikel(laptop)$$

$$Artikel(tablet)$$

Im Lager sind nur PCs, produziert werden gerade nur Laptops.

$$ImLager(pc)$$

$$InProduktion(laptop)$$

Vom Kunden Maier ist die Bestellung eines Laptops eingegangen.

$$Kunde(maier) \wedge HatBestellt(maier, laptop)$$

In diesen Formeln sind x, y Variablen, *maier, pc, laptop, tablet* sind Konstanten (nullstellige Funktionssymbole), die mit einem Großbuchstaben beginnenden Bezeichner sind Relationssymbole.

In Abb. 11.29 ist die Wissensbasis in Klauselform zusammengestellt. Die erste Regel wird dazu mit Hilfe der folgenden Äquivalenzen in zwei Regeln zerlegt.

Regeln:

$\{\neg Artikel(x), \neg ImLager(x), Verfuegbar(x)\}$
$\{\neg Artikel(x), \neg InProduktion(x), Verfuegbar(x)\}$
$\{\neg Kunde(x), \neg HatBestellt(x, y), \neg Artikel(y), \neg Verfuegbar(y), LiefernAn(y, x)\}$

Fakten:

$\{Artikel(pc)\}$
$\{Artikel(laptop)\}$
$\{Artikel(tablet)\}$
$\{ImLager(pc)\}$
$\{InProduktion(laptop)\}$
$\{Kunde(maier)\}$
$\{HatBestellt(maier, laptop)\}$

Abb. 11.29 Wissensbasis in Klauselform

$$\alpha \wedge (\beta \vee \gamma) \equiv (\alpha \wedge \beta) \vee (\alpha \wedge \gamma)$$

$$\begin{aligned} \alpha \vee \beta \rightarrow \gamma &\equiv \neg(\alpha \vee \beta) \vee \gamma \\ &\equiv (\neg\alpha \wedge \neg\beta) \vee \gamma \\ &\equiv (\neg\alpha \vee \gamma) \wedge (\neg\beta \vee \gamma) \\ &\equiv (\alpha \rightarrow \gamma) \wedge (\beta \rightarrow \gamma) \end{aligned}$$

Für die Anwendung des Resolutionsverfahrens (Abb. 11.30) muss durch eine geeignete Umbenennung von Variablen dafür gesorgt werden, dass keine Variable in unterschiedlichen Klauseln vorkommt, etwa indem man die verschiedenen Vorkommen von x durch die Variablen $x_1, x_2, x_3, \ldots$ ersetzt.

Als Anfrage, ob an den Kunden Maier ein Laptop geliefert werden soll, dient die folgende Zielklausel.

$$\boxed{\{LiefernAn(laptop, maier)\}?}$$

Der Resolutionsbeweis in Abb. 11.30 zeigt, dass die Auslieferung eines Laptops an den Kunden Maier erfolgen kann.

Die charakteristische Eigenschaft der Hornlogik, dass jede Klausel maximal ein positives Literal enthalten darf, sagt wenig über den Charakter solcher Formeln aus. Die folgenden Beispiele zeigen die Möglichkeiten und Grenzen der Hornlogik anhand von typischen Formeln, die überwiegend nicht in Klauselform sind.

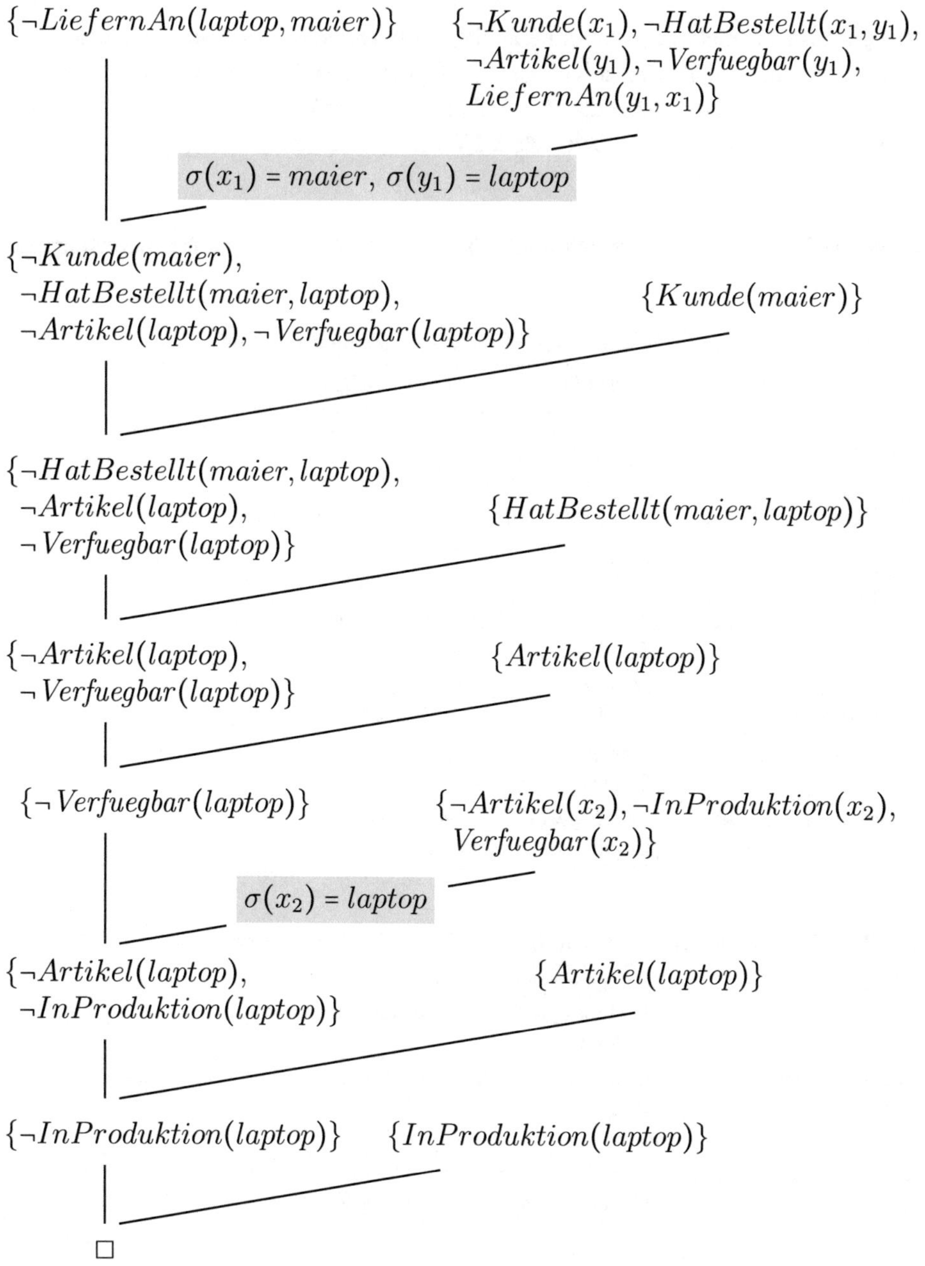

$\{\neg LiefernAn(laptop, maier)\}$ $\{\neg Kunde(x_1), \neg HatBestellt(x_1, y_1), \neg Artikel(y_1), \neg Verfuegbar(y_1), LiefernAn(y_1, x_1)\}$

$\sigma(x_1) = maier,\ \sigma(y_1) = laptop$

$\{\neg Kunde(maier), \neg HatBestellt(maier, laptop), \neg Artikel(laptop), \neg Verfuegbar(laptop)\}$ $\{Kunde(maier)\}$

$\{\neg HatBestellt(maier, laptop), \neg Artikel(laptop), \neg Verfuegbar(laptop)\}$ $\{HatBestellt(maier, laptop)\}$

$\{\neg Artikel(laptop), \neg Verfuegbar(laptop)\}$ $\{Artikel(laptop)\}$

$\{\neg Verfuegbar(laptop)\}$ $\{\neg Artikel(x_2), \neg InProduktion(x_2), Verfuegbar(x_2)\}$

$\sigma(x_2) = laptop$

$\{\neg Artikel(laptop), \neg InProduktion(laptop)\}$ $\{Artikel(laptop)\}$

$\{\neg InProduktion(laptop)\}$ $\{InProduktion(laptop)\}$

$\square$

Abb. 11.30 Beispiel eines Resolutionsbeweises in Horn-Logik

Beispiele für Formeln der Prädikatenlogik, die in Hornlogik formulierbar sind
Tab. 11.2 macht deutlich, welche Vielfalt von Möglichkeiten die Hornlogik bietet. Trotzdem bestehen Einschränkungen bei der Verwendung von disjunktiv verknüpften bzw. negierten Literalen. Dies wird durch die Beispiele der Tab. 11.3 ersichtlich.

Beispiele für Formeln der Prädikatenlogik, die nicht in Hornlogik formulierbar sind

Tab. 11.2 Formeln der Prädikatenlogik, die in Hornlogik formulierbar sind

Konjunktive Fakten	*Artikel(laptop)* $\wedge$ *ImLager(laptop)* Zwei Klauseln mit je einem positiven Literal
Negative Fakten	$\neg$ *ImLager(laptop)* Eine Klausel ohne positives Literal
Disjunktive Prämissen	$ImLager(x) \vee InProduktion(x) \rightarrow Verfuegbar(x)$ Es gilt $\alpha \vee \beta \rightarrow \gamma \equiv (\neg\alpha \wedge \neg\beta) \vee \gamma$ $\equiv (\neg\alpha \vee \gamma) \wedge (\neg\beta \vee \gamma)$
Konjunktive Prämissen	$Artikel(x) \wedge ImLager(x) \rightarrow Verfuegbar(x)$ Es gilt $\alpha \wedge \beta \rightarrow \gamma \equiv \neg\alpha \vee \neg\beta \vee \gamma$
Konjunktive Konklusionen	$HatBestellt(x, y) \rightarrow Kunde(x) \wedge Artikel(y)$ Es gilt $\alpha \rightarrow \beta \wedge \gamma \equiv (\neg\alpha \vee \beta) \wedge (\neg\alpha \vee \gamma)$
Negative Konklusion Negative Prämisse und negative Konklusion	$Verkauft(x) \rightarrow \neg Verfuegbar(x)$ Es gilt $\alpha \rightarrow \neg\beta \equiv \neg\alpha \vee \neg\beta$ $\neg\, ImLager(x) \rightarrow \neg\, Verfuegbar(x)$ Es gilt $\neg\alpha \rightarrow \neg\beta \equiv \alpha \vee \neg\beta$

Tab. 11.3 Formeln der Prädikatenlogik, die nicht in Hornlogik formulierbar sind

Disjunktive positive Fakten	*ImLager(laptop)* $\vee$ *InProduktion(laptop)* In Hornlogik darf eine Disjunktion maximal ein positives Literal enthalten
Mehrere negative Prämissen	$Artikel(x) \wedge \neg\, ImLager(x) \wedge \neg\, InProduktion(x) \rightarrow Bestellt(x)$ Es gilt $\alpha \wedge \neg\beta \wedge \neg\gamma \rightarrow \delta \equiv \neg\alpha \vee \beta \vee \gamma \vee \delta$
Disjunktive Konklusion ohne Negation	$Artikel(x) \rightarrow ImLager(x) \vee InProduktion(x)$ Es gilt $\alpha \rightarrow \beta \vee \gamma \equiv \neg\alpha \vee \beta \vee \gamma$

11.9 Inferenzstrategien

Eine Wissensbasis besteht aus Regeln und Fakten. Soll eine Ziel-Aussage bewiesen werden, gibt es die beiden gegensätzlichen Vorgehensweisen des Backward Chaining und des Forward Chaining. Ein typischer Backward-Chaining-Algorithmus ist das Resolutionsverfahren, das insbesondere beim logischen Programmieren wie beispielsweise in der Programmiersprache Prolog eingesetzt wird. Regelbasierte Systeme, die ECA-Regeln verwenden, werden überwiegend nach dem Forward-Chaining-Prinzip mit dem Rete-Algorithmus realisiert, da durch die zu berücksichtigenden Ereignisse eine zeitliche Komponente hinzukommt, die ein Backward Chaining erschwert.

11.9.1 Backward Chaining

Ein Beispiel für einen Beweis nach der Strategie *Backward Chaining* (deutsch *Rückwärtsverkettung*) mit Hilfe des Resolutionsprinzips wird in Abb. 11.31 gezeigt. Der große Vorteil liegt darin, dass zielgerichtet nur die notwendigen Schritte durchgeführt werden.

Der Resolutionskalkül ist weitgehend theoretisch auf der Basis der Prädikatenlogik begründet und in der Programmiersprache Prolog für die Hornlogik implementiert in Form der sogenannten *SLD-Resolution* (linear resolution for definite clauses with a selection function: *S*elective, *L*inear, *D*efinite clauses) (siehe z. B. (Schöning 2000; Beierle und Kern-Isberner 2019)).

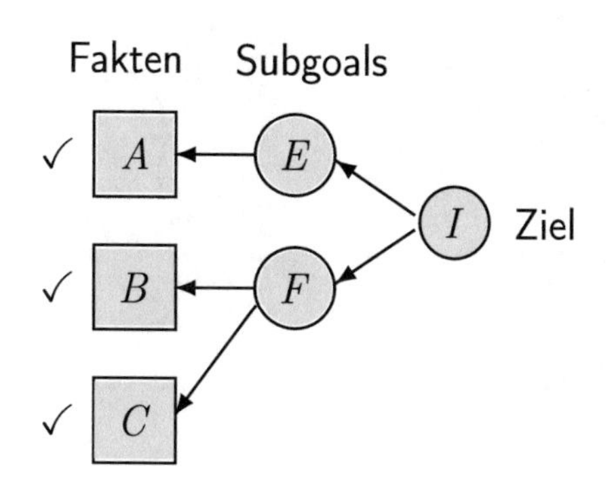

Benötigte Regeln

$E \wedge F \rightarrow I$
$A \rightarrow E$
$B \wedge C \rightarrow F$

Weitere Regeln

$C \rightarrow G$
$D \rightarrow K$
$E \rightarrow H$
$F \wedge G \rightarrow J$
$G \rightarrow K$

Abb. 11.31 Rückwärtsverkettung

11.9.2 Forward Chaining

Beim *Forward Chaining,* (deutsch *Vorwärtsverkettung*), werden ausgehend von den bekannten Fakten alle durch die Regeln möglichen Schlussfolgerungen durchgeführt, bis die Ziel-Aussage erhalten wird (siehe Beispiel in Abb. 11.32). Für die Schlussfolgerungen werden dabei nicht nur die zu Beginn in der Wissensbasis vorhandenen Fakten verwendet, sondern zusätzlich alle Fakten, die durch eine Schlussfolgerung neu hergeleitet werden.

Wird die Vorwärtsverkettung mit der Strategie *Tiefe zuerst (Tiefensuche,* engl. *depth first)* kombiniert, so kann es passieren, dass man in eine Sackgasse gerät und erst nach weiteren eventuell erfolglosen Versuchen das Ziel erreicht. Deshalb wird meist eine *Breitensuche (Breite zuerst,* engl. *breadth first)* angewandt.

Auch bei der Breitensuche werden oftmals viele für das Ziel unnötige Schlussfolgerungen durchgeführt. Deshalb sind zusätzliche sogenannte *Konfliktresolutionsstrategien* nötig, die möglichst viele überflüssige Schlussfolgerungen vermeiden und schneller zum Ziel führen. Beispielsweise kann man den Regeln Prioritäten zuordnen, oder man verwendet immer als nächstes die spezifischste Regel, das ist diejenige Regel, die am meisten Bedingungen enthält.

In dem am häufigsten eingesetzten Forward-Chaining-Verfahren, dem Rete-Algorithmus (siehe Abschn. 11.9.3), werden ausgeführte Schlussfolgerungsschritte zwischengespeichert, um sie wiederverwenden zu können.

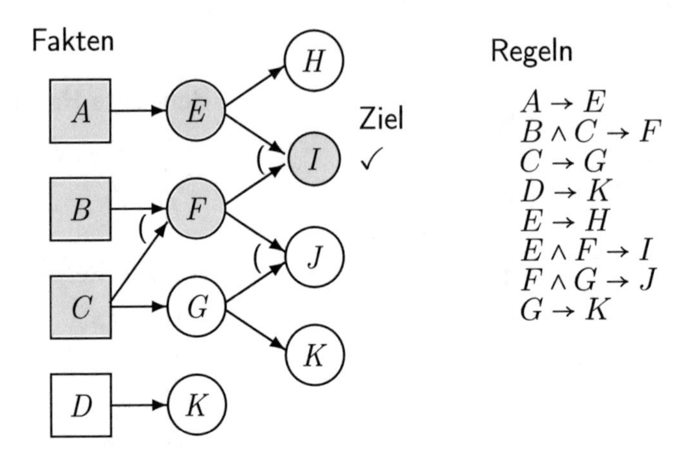

Abb. 11.32 Vorwärtsverkettung

11.9.3 Der Rete-Algorithmus

Die vernetzte Struktur der Prämissen von Regeln (Abb. 11.32) wird im sogenannten *Rete-Algorithmus* (rete heißt auf Lateinisch Netz) systematisch ausgenutzt, um Redundanzen und Mehrfachberechnungen bei einer vorwärtsveketteten Schlussfolgerung zu vermeiden (Forgy 1982).

In Abschn. 11.9.2 wurde die Vorwärtsverkettung von Regeln anhand von Formeln der Aussagenlogik dargestellt. Erweitert man diese Betrachtung auf die Prädikatenlogik 1. Stufe, so haben die atomaren Formeln die Form $R(t_1, \ldots, t_k)$. Ob in einer Regel wie beispielsweise $P(x) \rightarrow Q(x)$ die Prämisse $P(x)$ erfüllt ist, hängt nun von einzelnen Objekten des Individuenbereichs ab, für die die Variable x stellvertretend steht. In einer Datenbasis für Fakten könnte z. B. für zwei Objekte a und b abgespeichert sein, dass $P(a)$ und $P(b)$ gelten. Mit der Regel $P(x) \rightarrow Q(x)$ könnte dann gefolgert werden, dass sowohl $Q(a)$ als auch $Q(b)$ gilt.

Das Prinzip des Rete-Algorithmus besteht darin, für alle bekannten Fakten die durch die Regelbasis unterstützten Schlussfolgerungen durchzuführen und so weit wie möglich durch das Rete-Netz zu propagieren. Wird ein neuer Fakt bekannt, so werden alle neuen möglichen Schlussfolgerungen ausgeführt unter Verwendung der bisher berechneten Zwischenergebnisse.

In Abb. 11.33 und 11.34 wird zunächst anhand der einfachen Regel $A(x) \wedge B(x) \wedge C(y) \rightarrow D(x,y)$ gezeigt, wie eine einzelne Regel mit Hilfe der Codierung in Form eines gerichteten Graphen abgearbeitet wird.

Dabei werden die Junktoren für die Konjunktion als spezielle Knoten repräsentiert, die als Zwischenspeicher für abgeleitete konjunktiv verknüpfte Fakten dienen. Das Ergebnis sind alle aus der Faktenbasis ableitbaren Konklusionen. Wird ein neuer Fakt zu der Faktenbasis hinzugefügt, so werden alle neuen möglichen Konklusionen hergeleitet.

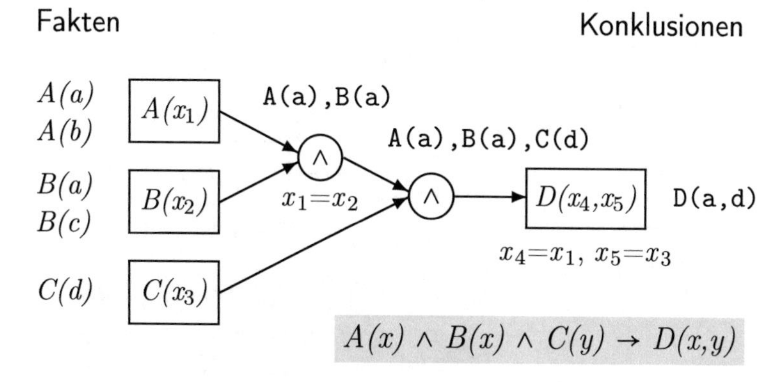

Abb. 11.33 Bearbeitung einer Regel im Rete-Algorithmus

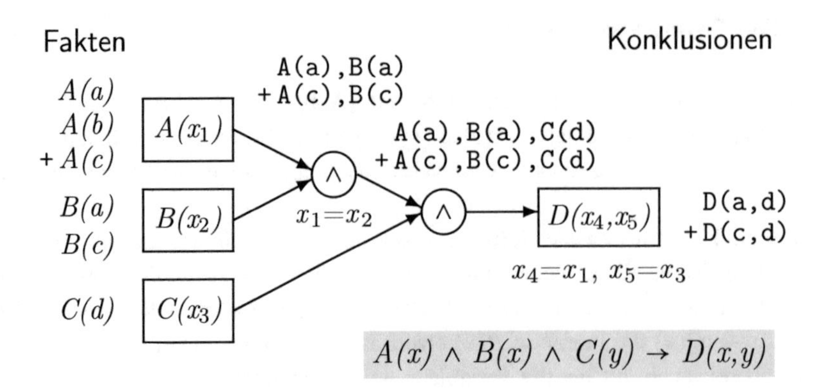

Abb. 11.34 Hinzufügen eines neuen Fakts zur Faktenbasis

Der Gewinn an Effizienz entsteht beim Rete-Algorithmus dadurch, dass Regeln, die im Prämissenteil identische Anteile haben, so in einer Netzstruktur zusammengefasst werden, dass der gemeinsame Prämissenteil immer nur einmal ausgewertet werden muss (Abb. 11.35).

Die in Abb. 11.33, 11.34 und 11.35 gezeigten Beispiele sind von einfacher Natur, da die Prädikate der Prämissen und der Konklusionen nur Variablen als Argumente haben. Im Allgemeinen können die Argumente Terme sein, dann muss wie bei der Resolution die Unifizierbarkeit überprüft werden und gegebenenfalls ein allgemeinster Unifikator berechnet und durch das Netz propagiert werden (vgl. Abschn. 11.8).

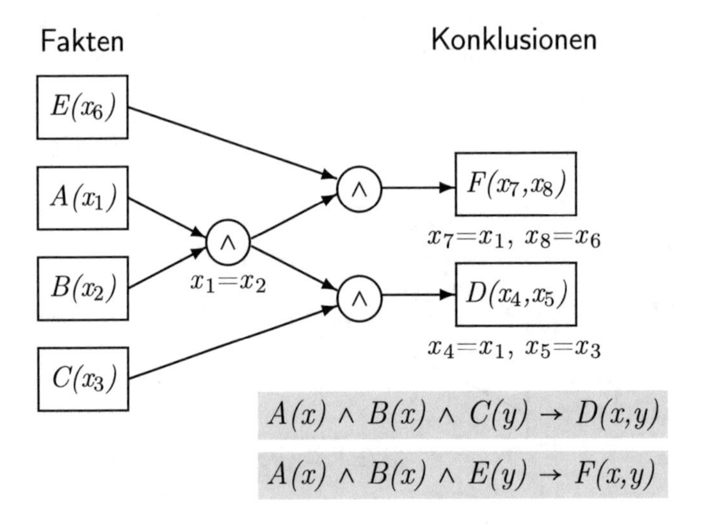

Abb. 11.35 Vernetzte Struktur zweier Regeln

In einem Rete-Netz sind alle Regeln einer Wissensbasis repräsentiert. Regeln mit gemeinsamen Prämissenteilen bilden ein zusammenhängendes Teilnetz. Ist eine Menge von Fakten bekannt, dann kann durch den Rete-Algorithmus berechnet werden, welche Konklusionen für welche Objekte gültig sind.

Oftmals wird einer Konklusion eine Aktion zugeordnet, die ausgeführt werden soll, sobald die Konklusion gefolgert wird. Sind mehrere Konklusionen mit beigefügten Aktionen gültig und nur eine der Aktionen soll ausgeführt werden, so entsteht eine Konfliktsituation. Die zugehörige Menge der Konklusionen wird entsprechend als *Konfliktmenge* bezeichnet. In einem solchen Fall muss mit Hilfe einer vorgegebenen Strategie die richtige Aktion ermittelt werden.

Als Beispiel seien in dem Rete-Netz der Abb. 11.35 die Fakten $A(a)$, $B(a)$, $C(b)$ und $E(c)$ bekannt. Dann berechnet der Rete-Algorithmus die Konklusionen $D(a, b)$ und $F(a, c)$. Entspricht der Konklusion $D(a, b)$ die Aktion „Schließe in Raum a das Fenster b." und der Konklusion $F(a, c)$ die Aktion „Drehe in Raum a den Heizkörper c auf.", so muss hier entschieden werden, welche Aktion in der gegebenen Situation durchgeführt werden soll.

Literatur

Beierle, C., & Kern-Isberner, G. (2019). *newblock Methoden wissensbasierter Systeme – Grundlagen, Algorithmen, Anwendungen* (6. Aufl.). Wiesbaden: Springer Vieweg.

Forgy, C. (1982). Rete: A fast algorithm for the many patterns/many objects match problem. *Artificial Intelligence 19*(1), 17–37.

Schöning, U. (2000). *Logik für Informatiker* (5. Aufl.). Berlin: Springer Spektrum.

Schwabhäuser, W. (1971). *Modelltheorie I*. Mannheim: Bibliographisches Institut.

Stichwortverzeichnis

U. Hedtstück, *Complex Event Processing*,
https://doi.org/10.1007/978-3-662-61576-8

Printed in the United States
By Bookmasters